冀东地区露天矿山生态修复技术方法模式及实践

河北省地质矿产勘查开发局第二地质大队
（河北省矿山环境修复治理技术中心） 编

燕山大学出版社
·秦皇岛·

图书在版编目（CIP）数据

冀东地区露天矿山生态修复技术方法模式及实践 / 河北省地质矿产勘查开发局第二地质大队（河北省矿山环境修复治理技术中心）编．—秦皇岛：燕山大学出版社，2024.1
ISBN 978-7-5761-0583-4

Ⅰ．①冀… Ⅱ．①河… Ⅲ．①露天矿－矿山环境－生态恢复－研究－河北 Ⅳ．①X322.222

中国国家版本馆 CIP 数据核字（2024）第 021011 号

冀东地区露天矿山生态修复技术方法模式及实践
JIDONG DIQU LUTIAN KUANGSHAN SHENGTAI XIUFU JISHU FANGFA MOSHI JI SHIJIAN
河北省地质矿产勘查开发局第二地质大队（河北省矿山环境修复治理技术中心） 编

出版人：陈 玉			
责任编辑：王 宁		策划编辑：刘韦希	
责任印制：吴 波		封面设计：刘韦希	
出版发行：燕山大学出版社		电　　话：0335-8387555	
地　　址：河北省秦皇岛市河北大街西段 438 号		邮政编码：066004	
印　　刷：涿州市般润文化传播有限公司		经　　销：全国新华书店	
开　　本：710 mm×1000 mm　1/16		印　　张：16	
版　　次：2024 年 1 月第 1 版		印　　次：2024 年 1 月第 1 次印刷	
书　　号：ISBN 978-7-5761-0583-4		字　　数：258 千字	
定　　价：78.00 元			

版权所有　侵权必究
如发生印刷、装订质量问题，读者可与出版社联系调换
联系电话：0335-8387718

编 委 会

主编： 董国明　李晓峰　李万增　郑思光
　　　　张　鸽　刘建兵

参编： 郑雅坤　王启星　栗　业　刘玉军
　　　　姜　淼　果　健　于　帅　周　颖
　　　　夏慧洁　米　琳　王　锴　许金凤
　　　　姚海珠　孟　莉　周永生　王杏苹
　　　　李　胜　孙学亮

目　　录

第1章　露天矿山生态修复现状 …………………………………… 1
1.1 国家相关政策提要 ……………………………………………… 1
1.2 河北省相关政策提要 …………………………………………… 4

第2章　冀东地区基本情况 ………………………………………… 12
2.1 冀东地区自然条件 ……………………………………………… 12
2.2 冀东地区地质情况 ……………………………………………… 15

第3章　冀东地区露天矿山环境问题 ……………………………… 25
3.1 地质环境问题 …………………………………………………… 25
3.2 生态环境问题 …………………………………………………… 29

第4章　矿山生态修复勘查 ………………………………………… 31
4.1 一般规定 ………………………………………………………… 31
4.2 地形测量 ………………………………………………………… 32
4.3 工程地质测绘 …………………………………………………… 34
4.4 矿山地质环境专项勘查 ………………………………………… 37
4.5 勘探与试验 ……………………………………………………… 46
4.6 土地资源破坏调查 ……………………………………………… 53
4.7 土壤调查 ………………………………………………………… 54
4.8 植被调查 ………………………………………………………… 54

4.9 施工条件调查 ………………………………………………… 55
4.10 勘查成果分析与评价 ………………………………………… 56
4.11 成果编制 ……………………………………………………… 57

第5章 露天矿山生态修复技术方法 ………………………… 69
5.1 地质灾害治理技术 …………………………………………… 69
5.2 高陡边坡生态修复技术 ……………………………………… 162
5.3 缓坡生态修复技术 …………………………………………… 176
5.4 平台生态修复技术 …………………………………………… 182
5.5 灌溉工程 ……………………………………………………… 204
5.6 道路工程 ……………………………………………………… 208
5.7 文化造景工程 ………………………………………………… 211
5.8 警示、标识工程 ……………………………………………… 212
5.9 监测工程 ……………………………………………………… 214

第6章 露天矿山生态修复模式 ……………………………… 218
6.1 矿山环境整体打包治理模式 ………………………………… 218
6.2 矿山环境勘查、设计、施工工程总承包治理模式 ………… 219
6.3 矿山环境治理+土地整治治理模式 ………………………… 220
6.4 矿山环境治理+土地整治+固废资源利用治理模式 ……… 221
6.5 矿山环境整体打包综合开发式治理总承包模式 …………… 221

第7章 工程范例 ……………………………………………… 223
7.1 迁安市野鸡坨镇爪村宏源采石厂 …………………………… 223
7.2 迁安市山港庆发石矿 ………………………………………… 226
7.3 迁安市沙河驿管庄子丰华建筑用石矿 ……………………… 232
7.4 迁安市石梯子沟学校采石厂 ………………………………… 243

第1章 露天矿山生态修复现状

1.1 国家相关政策提要

"生态兴，则文明兴；生态衰，则文明衰。"推进生态文明建设，大力推动矿山环境生态修复，不仅是深度贯彻落实习近平生态文明思想的生动实践，也是践行"两山"理念的一项重要内容。

1.1.1 《国务院关于印发打赢蓝天保卫战三年行动计划的通知》（国发〔2018〕22号）

文件中提到，打赢蓝天保卫战，是党的十九大作出的重大决策部署，事关满足人民日益增长的美好生活需要，事关全面建成小康社会，事关经济高质量发展和美丽中国建设。坚持新发展理念，坚持全民共治、源头防治、标本兼治，以京津冀及周边地区、长三角地区、汾渭平原等区域（以下称重点区域）为重点，持续开展大气污染防治行动，统筹兼顾、系统谋划、精准施策，坚决打赢蓝天保卫战，实现环境效益、经济效益和社会效益多赢。文件中还明确提出，推进露天矿山综合整治。全面完成露天矿山摸底排查。对违反资源环境法律法规、规划，污染环境、破坏生态、乱采滥挖的露天矿山，依法予以关闭；对污染治理不规范的露天矿山，依法责令停产整治，整治完成并经相关部门组织验收合格后方可恢复生产，对拒不停产或擅自恢复生产的依法强制关闭；对责任主体灭失的露天矿山，要加强修复绿化、减尘抑尘。重点区域原则上禁止新建露天矿山建设项目。加强矸石山治理。

1.1.2 《自然资源部办公厅 生态环境部办公厅关于加快推进露天矿山综合整治工作实施意见的函》（自然资办函〔2019〕819号）

文件对推进露天矿山综合整治作出了明确的部署安排，主要工作任务细化分解为四个方面：

（1）全面摸底排查露天矿山情况。以违法违规开采和责任主体灭失的露天矿山为重点，全面查清本地区露天矿山基本情况，在全面核查露天矿山开发利用、环境保护、矿山地质环境恢复治理和土地复垦等情况的基础上，逐矿逐项登记汇总，分类建立台账，提出整治意见。

（2）依法开展露天矿山综合整治。依法关闭违反资源环境法律法规、规划，污染环境、破坏生态、乱采滥挖的露天矿山；对污染治理不规范的露天矿山，依法责令停产整治，经相关部门组织验收合格后方可恢复生产，对拒不停产或擅自恢复生产的依法强制关闭；对责任主体灭失的露天矿山，因地制宜加强修复绿化，减少和抑制大气扬尘。全面加强矸石山综合治理，消除自燃和冒烟现象。

（3）加强露天矿山生态修复。按照"谁开采、谁治理，边开采、边治理"原则，引导矿山按照绿色矿山建设行业标准，以环境影响报告书及批复、矿山地质环境保护与土地复垦方案等要求，开展生态修复。对责任主体灭失的露天矿山，按照"谁治理、谁受益"的原则，充分发挥财政资金的引导带动作用，大力探索构建"政府主导、政策扶持、社会参与、开发式治理、市场化运作"的矿山地质环境恢复和综合治理新模式，加快生态修复进度。

（4）严格控制新建露天矿山建设项目。严格贯彻国发〔2018〕22号文件有关要求，重点区域原则上禁止新建露天矿山建设项目，国发〔2018〕22号文件下发前环境影响评价文件已经批复的重点区域露天矿山，确需建设的，在严格落实生态环境保护、矿产资源规划和绿色矿山建设行业标准等要求前提下可继续批准建设。其他区域新建露天矿山建设项目，也应严格执行生态环境保护、矿产资源规划和绿色矿山建设行业标准等要求。

1.1.3 《自然资源部关于探索利用市场化方式推进矿山生态修复的意见》

文件提出，为解决矿山生态修复历史欠账多、现实矛盾多、投入不足等突出问题，按照党的十九大"构建政府为主导、企业为主体、社会组织和公众共同参与的环境治理体系"的要求，坚持"谁破坏、谁治理""谁修复、谁受益"原则，通过政策激励，吸引各方投入，推行市场化运作、科学化治理的模式，加快推进矿山生态修复。

文件中突破性地提出了如下几点：

（1）鼓励矿山土地综合修复利用。历史遗留矿山废弃国有建设用地修复后拟改为经营性建设用地的，在符合国土空间规划前提下，可由地方政府整体修复后，进行土地前期开发，以公开竞争方式分宗确定土地使用权人；也可将矿山生态修复方案、土地出让方案一并通过公开竞争方式确定同一修复主体和土地使用权人，并分别签订生态修复协议与土地出让合同。历史遗留矿山废弃国有建设用地修复后拟作为国有农用地的，可由市、县级人民政府或其授权部门以协议形式确定修复主体，双方签订国有农用地承包经营合同，从事种植业、林业、畜牧业或者渔业生产。

对历史遗留矿山废弃土地中的集体建设用地，集体经济组织可自行投入修复，也可吸引社会资本参与。修复后国土空间规划确定为工业、商业等经营性用途，并经依法登记的集体经营性建设用地，土地所有权人可出让、出租用于发展相关产业。

各地依据国土空间规划在矿山修复后的土地上发展旅游产业，建设观光台、栈道等非永久性附属设施，在不占用永久基本农田以及不破坏生态环境、自然景观和不影响地质安全的前提下，其用地可不征收（收回）、不转用，按现用途管理。

（2）实行差别化土地供应。各地可依据国土空间规划，利用矿山修复后的国有建设用地发展教育、科研、体育、公共文化、医疗卫生、社会福利等产业，符合《划拨用地目录》的，可按有关规定以划拨方式提供土地使用权，鼓励土地使用人在自愿的前提下，以出让、租赁等有偿方式取得土地使用权。矿山修复后的国有建设用地可采取弹性年期出让、长期租赁、先租后让、租让结合的方式供应。

（3）盘活矿山存量建设用地。各地将正在开采矿山依法取得的存量建设用地和历史遗留矿山废弃建设用地修复为耕地的，经验收合格后，可参照城乡建设用地增减挂钩政策，腾退的建设用地指标可在省域范围内流转使用。其中，正在开采的矿山将依法取得的存量建设用地修复为耕地及园地、林地、草地和其他农用地的，经验收合格后，腾退的建设用地指标可用于同一法人企业在省域范围内新采矿活动占用同地类的农用地。

在符合国土空间规划和土壤环境质量要求、不改变土地使用权人的前提下，经依法批准并按市场价补缴土地出让价款后，矿山企业可将依法取得的国有建设用地修复后用于工业、商业、服务业等经营性用途。

（4）合理利用废弃矿山土石料。对地方政府组织实施的历史遗留露天开采类矿山的修复，因削坡减荷、消除地质灾害隐患等修复工程新产生的土石料及原地遗留的土石料，可以无偿用于本修复工程；确有剩余的，可对外进行销售，由县级人民政府纳入公共资源交易平台，销售收益全部用于本地区生态修复，涉及社会投资主体承担修复工程的，应保障其合理收益。土石料利用方案和矿山生态修复方案要在科学评估论证基础上，按"一矿一策"原则同步编制，经县级自然资源主管部门报市级自然资源主管部门审查同意后实施。

1.2 河北省相关政策提要

河北省矿产资源丰富，矿业开发历史悠久，为河北省经济社会发展作出了巨大贡献。《京津冀协同发展规划纲要》明确了河北省作为生态环境支撑区的地位。坚持绿色发展，开展生态环境保护与修复，强化矿山环境建设和治理，推动资源节约集约利用，建设美丽河北尤为重要。

省委省政府高度重视矿山环境治理工作，多次下发文件及制定相关实施办法。

1.2.1 《关于改革和完善矿产资源管理制度加强矿山环境综合治理的意见》（冀字〔2018〕3号）

该文件在落实矿山环境治理责任方面作出了具体规定：

（1）落实治理责任。县（市、区）政府是责任主体灭失矿山迹地的恢复治理主体，要按照专项规划和年度任务计划，加大资金投入，组织开展本行政区域内责任主体灭失矿山迹地的恢复治理工作。按照"谁破坏、谁治理"的原则，矿山企业是矿山环境保护与恢复治理的责任主体，要严格按照综合方案要求"边开采、边治理、边恢复"，并如实将上年度完成情况及下年度计划向县级以上国土资源、环境保护、水利部门报告，各部门要及时将上述情况向社会公示。

（2）创新机制，科学治理。坚持谁治理、谁受益，保障投资人的合法权益，调动投资人和使用人的积极性，构建"政府主导、政策扶持、社会参与、开发式治理、市场化运作"的矿山环境治理新机制。采用PPP等多种形式，吸引社会资金，突破财政资金不足制约。因矿施策、因地制宜科学开展恢复治理，解决治理成果的后期管护问题，实现治理成果的可持续利用。地方政府、矿山企业可采取"责任者付费、专业化治理"，将矿山环境治理交由第三方，提高治理效率和质量。鼓励矿山企业参与矿山地质公园建设、经营和管理。探索矿山环境治理与土地开发、旅游、养老、养殖、种植等产业融合发展。

（3）推广治理新模式。总结和推广武安市尊重群众意愿综合整治模式，三河市社会资金治理模式，保定市满城区废弃矿山治理与养殖、土地复垦相结合治理模式，秦皇岛浅野水泥、承德冀东水泥"边开采、边治理"模式，隆尧县石灰岩矿全面关闭整体恢复治理模式，涞源县建设矿山公园发展矿山科普旅游治理模式，省地矿局第二地质大队新技术新方法治理模式等。以点带面，加快恢复进程，提高治理水平。

（4）加强技术服务。河北省地矿局和国有地勘单位要加强矿山环境恢复治理技术研究和技术指导，对各地的矿山环境治理在技术、方法等方面给予大力支持。

1.2.2 2020年3月，河北省自然资源厅印发《河北省关于探索利用市场化方式推进矿山生态修复的实施办法》（冀自然资规〔2020〕2号）

该文件相关内容如下：

第二章 鼓励矿山土地综合修复利用

第七条 历史遗留矿山废弃国有建设用地修复后拟改为经营性建设用地

的，在符合国土空间规划前提下，可由市、县级人民政府整体修复后进行土地前期开发，以公开竞争方式分宗确定土地使用权人；也可将矿山生态修复方案、土地出让方案一并通过公开竞争方式确定同一修复主体和土地使用权人，并分别签订生态修复协议与土地出让合同。

第八条　历史遗留矿山废弃国有建设用地修复后拟作为国有农用地的，可由市、县级人民政府或其授权部门以协议形式确定修复主体，双方签订国有农用地承包经营合同，从事种植业、林业、畜牧业或者渔业生产，使用中不得改变农用地性质。

第九条　对于历史遗留矿山废弃集体建设用地，可由集体经济组织自行投资或吸引社会资本参与修复。以社会资本参与的，双方应当签订矿山生态修复协议，落实生态修复任务与责任。

依据国土空间规划，历史遗留矿山废弃集体建设用地修复后确定为工业、商业等经营性用途的，并经依法登记的集体经营性建设用地，土地所有权人可以出让、出租方式用于发展相关产业。

第十条　依据国土空间规划，在矿山修复后的土地上发展旅游产业，建设观光台、栈道等非永久性附属设施的，在不占用永久基本农田、不破坏生态环境、自然景观和不影响地质安全的前提下，其用地可不征收（收回）、不转用，按现用途管理。

第三章　实行差别化土地供应

第十一条　依据国土空间规划，利用矿山修复后的国有建设用地发展教育、科研、体育、公共文化、医疗卫生、社会福利等产业，符合《划拨用地目录》的，可按有关规定以划拨方式提供土地使用权，鼓励土地使用人在自愿的前提下，以出让、租赁等有偿方式取得土地使用权。

第十二条　矿山修复后的国有建设用地可采取弹性年期出让、长期租赁、先租后让、租让结合等方式供应。

第十三条　土地使用权人可根据矿山修复后的国有建设用地使用权取得方式的不同，分别办理国有土地使用权登记手续。

第四章　盘活矿山存量建设用地

第十四条　对于将正在开采矿山依法取得的存量建设用地和历史遗留矿

山废弃建设用地修复为耕地的，经市、县级人民政府组织相关部门，按相关程序和标准验收合格后，可参照城乡建设用地增减挂钩政策，腾退的建设用地指标可在省域范围内流转使用。

第十五条　对于正在开采的矿山将依法取得的存量建设用地修复为耕地及园地、林地、草地和其他农用地的，经市、县级人民政府组织相关部门，按相关程序和标准验收合格后，腾退的建设用地指标可用于同一法人企业在省域范围内新采矿活动占用同地类的农用地。

第十六条　省级自然资源主管部门将腾退的建设用地指标纳入城乡建设用地增减挂钩指标库，对跨县、市腾退的建设用地指标流转使用实行统一管理。市、县级自然资源主管部门每季度向省级自然资源主管部门上报腾退建设用地指标情况。

第十七条　在符合国土空间规划和土壤环境质量要求、不改变土地使用权人的前提下，并经依法批准后，按市场价补缴土地出让价款并重新签订国有建设用地使用权出让合同，矿山企业可将依法取得的国有建设用地修复后用于工业、商业、服务业等经营性用途。

第五章　合理利用废弃矿山土石料

第十八条　对地方政府组织实施的历史遗留露天开采类矿山的修复，因削坡减荷、消除地质灾害隐患等修复工程新产生的土石料及原地遗留的土石料，可以无偿用于本修复工程；确有剩余的，可对外进行销售，由县级人民政府纳入公共资源交易平台，销售收益全部用于本地区生态修复，涉及社会投资主体承担修复工程的，应保障其合理收益。

第十九条　在科学论证的基础上，县级自然资源主管部门按"一矿一策"原则，编制土石料利用方案和矿山生态修复方案，经县级人民政府批准，报市级自然资源主管部门审查同意后实施。

1.2.3 《河北省非煤矿山综合治理条例》（2020 年 6 月 2 日河北省第十三届人民代表大会常务委员会第十七次会议通过）

第三十三条　企业治理责任主体灭失或者不明的非煤矿山治理，坚持因地制宜，通过修复绿化、转型利用、自然恢复等措施进行。

第三十四条　县级以上人民政府及其有关部门应当制定具体政策措施，鼓励企业治理责任主体灭失或者不明非煤矿山综合治理与土地开发、旅游、养老、养殖、种植等产业和公共服务融合发展。

第三十五条　县级人民政府应当根据非煤矿山综合治理需要和财力状况，统筹上级转移支付和本级资金，用于企业治理责任主体灭失或者不明非煤矿山综合治理。按照谁投资、谁受益，谁治理、谁受益的原则，通过政府引导和市场化运作方式，吸引社会各方参与企业治理责任主体灭失或者不明非煤矿山综合治理。

第三十六条　下列区域内的企业治理责任主体灭失或者不明非煤矿山为重点治理矿山：

（1）国家公园、自然保护区、风景名胜区、饮用水水源保护区、地质遗迹保护区、文物保护区、生态脆弱区等区域内以及已划定的生态控制线、生态保护红线范围内；

（2）河湖和水库周边两公里范围内；

（3）铁路、高速公路、国道、省道等主要交通干线两侧两公里范围内；

（4）设区的市城市开发边界外三公里范围内、县级城市开发边界外两公里范围内；

（5）法律法规规定的其他区域。

第三十七条　企业治理责任主体灭失或者不明非煤矿山应当按照国家和本省有关规定进行修复和治理。修复后的植被覆盖率应当不低于当地同类土地植被覆盖率，并与周边自然景观相协调。

不得使用外来有害植物进行植被恢复。已采用外来有害植物进行植被恢复的，应当采取人工铲除、生物化学方法等措施及时清理。

第三十八条　企业治理责任主体灭失或者不明非煤矿山坡度过大、土地贫瘠、植被难以生长的坡面，不宜采取工程修复、绿化修复的，可以消除地质灾害隐患后以自然恢复为主。

第三十九条　县级以上人民政府及其有关部门应当加强对治理后企业治理责任主体灭失或者不明非煤矿山维护工作的监督管理，明确维护责任主体，巩固治理成果。

1.2.4 河北省人民政府办公厅《关于转发河北省矿山综合治理攻坚行动方案的通知》(冀政办字〔2020〕75号)

文件指出:

1. 修复治理一批

(1) 推进责任主体灭失矿山迹地综合治理。县级政府对本行政区域内责任主体灭失矿山迹地综合治理工作负总责。县级自然资源主管部门按照"宜林则林、宜耕则耕、宜草则草、宜建则建、宜景则景"和"一处一策"的原则,采取修复绿化、转型利用、自然恢复等措施,每年3月底前,完成实地核查并确定治理方式。对采取修复绿化或确需人为辅助措施自然恢复的,按照有关规定逐处编制综合治理方案,经专家审核通过后,尽快确定施工主体。矿山综合治理项目,包括社会资本参与的治理项目,除国家规定外,可不受省内环保和大型活动停产、停工限制,公安部门要及时供应火工品或提供爆破作业服务;省地矿局要发挥专业技术优势,主动参加矿山综合治理工作,提供强有力的方法技术服务。

(2) 推进生产矿山环境恢复治理。矿山企业是矿山环境保护与恢复治理的责任主体。有关部门要依据各自职责,按照"谁破坏、谁治理"的原则,监督矿山企业履行责任义务,严格按照矿山生态环境保护与恢复治理、矿山地质环境保护与土地复垦、水土保持等3个方案要求,边开采、边治理、边恢复。未达到矿山环境保护与恢复治理要求的矿山企业,要"一矿一策"编制整改方案,整改不到位的,要依法查处、责令限期改正。

(3) 推进矿山高陡边坡(白茬山)攻坚治理。县级政府要全面核查属地因矿山开采造成的高陡边坡,建立台账,以交通干线两侧为重点,综合采取台阶式修复、平台式治理、微地形改造、文化景观利用等治理模式,因地制宜,科学编制治理攻坚方案,积极探索,强力攻坚,有效改善矿山高陡边坡自然环境。

2. 规范管控一批

遏制增量违法开采问题。对涉及废弃土石料利用的矿山修复项目,要编制土石料利用方案和矿山生态修复方案,经县级政府批准报市级自然资源主管部门同意后实施,加强对涉及废弃土石料处置矿山修复项目的监管,防止以修复为名实施盗采;涉嫌犯罪的,及时移交司法机关追究有关人员刑事责任。

3. 政策措施

(1) 积极落实财政金融支持政策。修复过程新产生的土石料及原地遗留的土石料,县级政府纳入公共资源交易平台,实行"收支两条线"管理,销售收益全部用于本地区矿山生态修复和关闭退出矿山补偿。

(2) 盘活用好土地资源。认真落实自然资源部《自然资源部关于探索利用市场化方式推进矿山生态修复的意见》,正在开采矿山依法取得的存量建设用地和历史遗留矿山废弃建设用地修复为耕地的,经验收合格后,可参照城乡建设用地增减挂钩政策,腾退的建设用地指标可在省域范围内流转使用。正在开采的矿山将依法取得的存量建设用地修复为耕地及园地、林地、草地和其他农用地的,经验收合格后,腾退的建设用地指标可用于同一法人企业在省域范围内新采矿活动占用同地类的农用地。对历史遗留矿山废弃国有建设用地修复后拟改为经营性建设用地的,在符合国土空间规划前提下,可由地方政府整体修复后,进行土地前期开发,以公开竞争方式分宗确定土地使用权人;也可将矿山生态修复方案、土地出让方案一并通过公开竞争方式确定同一修复主体和土地使用权人,并分别签订生态修复协议与土地出让合同。

(3) 推进建筑石料集中开采。为保障京津冀经济社会建设需求,按照总量控制、供需平衡、集中集聚集约、绿色开发的原则,允许以县为单元,在完成建筑用石料类矿山关闭、矿山环境恢复治理等任务的基础上,可不受暂停新设露天开发项目和暂停露天矿山扩大范围限制,在有资源环境承载力区域新建或将原有矿区升级改造成建筑石料矿产集中开采区,将分散产能集中到集中开采区,实现规模开采、集约开采、环保开采、安全开采,集中开采区外建筑石料类矿山不再保留。

(4) 创新市场化治理模式。按照"谁修复、谁受益"原则,开阔治理思路,拓宽治理途径,努力构建"政府主导、政策扶持、社会参与、开发式治理、市场化运作"的矿山环境综合治理新模式,借鉴唐山迁安市、廊坊三河市、邯郸市峰峰矿区等利用市场化推动矿山生态修复和保定市满城区引入社会资本,开展"白崔山"治理的经验,通过鼓励矿山土地综合修复利用、实行差别化土地供应、合理利用废弃矿山土石料等激励政策，吸引社会资本，加快推进矿山生态修复。在矿山综合治理过程中，属地政府可通过公开竞争方式优选有技术、有实力、有经验的企事业单位，对辖区内矿山废弃地采取总承包的方式集中统一进行治理。为加快治理进度，保证治理效果，治理工程的勘查、设计、施工可以通过总承包一次招投标的形式组织实施。结合群众意愿，科学采取绿化手段，依靠群众进行后期养护，提高养护水平，努力实现生态效益和经济效益双赢。

第 2 章　冀东地区基本情况

2.1 冀东地区自然条件

2.1.1 气候

冀东地区处于中纬度地带，属于暖温带半湿润大陆性季风气候，主要特征是四季分明、光照充足、水热资源丰富。春季多日照，气温回升快，降水少，相对湿度低，空气干燥，蒸发快，风速较大；夏季多阴雨，空气潮湿，气温高但少闷热；秋季时间短，降温快，秋高气爽；冬季长，寒冷干燥多晴天。根据河北省气候及生产特点，结合全国性的区划指标，冀东地区可细分为暖温带较湿润区和暖温带亚湿润区，但差别不大。整体而言，冀东地区年平均气温 9～12.5 ℃，无霜期 170～190 天，年降水量 530～770 mm，降水集中，易引发暴雨和山洪；大部分地区可以一年两熟或三熟[1]。

2.1.2 水文

冀东地区河流众多，河网发育，主要为滦河水系。滦河是华北地区重要的河流，主要流经河北省东北部，整个流域西北高，东南低。冀东地区水资源丰富，有桃林口水库等多处水库[1]。

1. 滦河

滦河古称濡水，发源于河北省丰宁县巴彦图古尔山麓骆驼沟乡东部的小梁山（海拔 2 206 m）南麓大古道沟。向西北流经坝上草原沽源县转北称闪电

---

[1] 毛澳朋. 冀东地区传统民居的建筑特征研究 [D]. 北京：北京建筑大学，2020.

河，经内蒙古自治区正蓝旗转向东南，经多伦县南流至外沟门子又进入河北省丰宁县。在内蒙古境内有黑风河、吐力根河（吐里根河）汇入后称大滦河，至隆化县郭家屯汇小滦河后称滦河。河流蜿蜒于峡谷之间，至潘家口越长城，经罗家屯龟口峡谷入冀东平原，流经迁西县、迁安市、卢龙县、滦州市、昌黎县至乐亭县南兜网铺注入渤海。河流全长 888 km，流域面积 44 750 km²，其中山区面积 43 940 km²，多年平均年径流量 45.23×10^8 m³。流域长度 435 km，平均宽度 103 km，流域平均比降 5.17‰，河道平均比降 2.65‰。

滦河水系主要分布于坝上高原、燕山山地与河北平原。流经燕山山地的属年轻的山溪性河道，河水下切作用强，河道比降较大，多在 2‰～6‰，一些中、小支流可达 2‰ 以上。河谷多呈 V 形。流经坝上高原、燕山山地中的山间盆地及河北平原的河流，河道宽阔，河水较浅，曲流发育。滦河干流不同河段河道情况有所不同，流经冀东地区的主要为滦河的中下游，从张百湾到滦州市为中游段，河床高程由 423 m 降为 25 m，落差近 400 m，河道比降仅 1‰。但由于水量增大，水能理论蕴藏量为 30 万千瓦，单位蓄能 758 kW/km。本段横穿燕山，形成宽谷与峡谷相间的地貌，在山岭处形成山地峡谷，多为 V 形，在盆地区则形成宽谷。宽谷与峡谷外貌相差很大，如迁安盆地和附近桑园的滦河河谷就完全不同。潘家口以上河谷较窄，以下的河段宽阔，河床处于中老年期，河曲发育，多分岔、江心洲，边滩众多，为辫状水系，水面宽，河床组成物质较细，多砂卵石。

滦州市以下为下游河口段，此段基本上属滦河三角洲地区。河宽平水期为 400 m，洪水期为 2 000 m，河谷宽阔，曲流漫滩发育，多分岔。河床主要由细沙组成，河漫滩多由亚黏土、亚沙土组成。由于河道比降小（仅 0.28‰），流速减缓，水流挟沙能力降低，泥沙大量沉积，河床逐渐被抬高，向"地上河"发展。且泥沙不断在河口区堆积，使三角洲逐渐向外推进。

滦河径流年际变化较大。年径流变差系数多在 0.5～0.8，最大年径流量与最小年径流量的比值多在 8 左右，有的站甚至在 10 以上。滦河不仅水量丰枯变化大，且常出现连续丰水或连续枯水的情况。因滦河径流主要来自降雨，所以径流年内分配和降水的年内分配具有一致性。汛期自 6 月底到 9 月初，7、8 月内出现最大洪峰；冬春水量很少，3、4 月由于融冰及融雪常形成不大的春汛；5、6月则因干旱而出现历时不长的枯水，虽历时不长，但因流量常低于冬季枯水期，而为全年最小值。

2. 青龙河

青龙河是滦河的重要支流，其干流总长246 km，发源于河北省平泉市台头山镇，流经河北辽宁两省，最终于卢龙县汇流滦河入渤海。1987—1996年平均年径流总量为 $5.7×10^8$ m³，1997年青龙河上游桃林口水库建成蓄水后，1997—2006年平均年径流量减少到 $0.703\ 6×10^8$ m³。

3. 还乡河

还乡河发源于迁西县新集乡泉庄村，流经丰润和玉田境内，在宁河汇入蓟运河入渤海。还乡河全长160 km，流域面积466.8 km²；河床平均宽40 m，平时流量40 m³/s，年平均径流量 $0.735\ 9×10^8$ m³，最大洪峰流量500 m³/s。还乡河原为常年河流，现在因水量大部分受上游丘庄水库控制，已成季节性河流。

4. 陡河

陡河上游分为两支，东支为管河、龙湾河，西支为泉水河，于双桥附近汇入陡河水库。陡河进入唐山市区急转南下，向南流向丰南区，于涧河汇入渤海。陡河全长120 km，流域面积为1 340 km²。

5. 沙河

沙河发源于迁安市蔡园镇郝树店村北大石岭沟，经卑家店镇前巍峰山村东流入，往西流经林西、大庄坨乡、范各庄镇，于范各庄镇董各庄村流出，最后汇入丰南区草泊水库。沙河全长108 km，流域面积848 km²；河北省内全长24.5 km，流域面积76 km²，河床宽20～40 m。沙河水主要来自降水，冬春两季河水断流，汛期水深可达1.5～2 m，现属季节性河流，平时只有少量矿井疏干水流过。

2.1.3 植被

燕山地带性植被为落叶阔叶林（以栎类为主），并混生暖性针叶油松林，垂直带谱。700 m以下为落叶阔叶林，树种有蒙古栎、辽东栎、槲栎、栓皮栎、槲树等。700～1 500 m为针阔叶混交林，树种有臭冷杉、白桦、风桦等。1 500～2 000 m为针叶林，树种有华北落叶松、青松等，但以次生林为主。

山沟及山前冲积台地上适于果树种植，为中国落叶果树重要分布区之一，盛产板栗、核桃、梨、山楂、葡萄、苹果、沙果、杏等干鲜果。其中，板栗、核桃、山楂驰名中外[①]。

2.2 冀东地区地质情况

2.2.1 地形地貌

冀东整体地势北高南低，自西北向东南趋向平缓，由燕山南麓山地经滨海平原直至渤海。整体而言，可分为低山丘陵和冲积平原两大基本地貌区。进一步细分：北部和东北部多山，海拔在 300～600 m，山间多盆地，较大的如遵化盆地、迁西盆地、抚宁盆地等；中部为平原，海拔在 50 m 以下，地势平坦；南部为滨海盐碱地、洼地草泊和滩涂，海拔在 20 m 至 15 m 以下[②]。

燕山山脉，山势陡峭，地势西北高、东南低；北缓南陡，沟谷狭窄，地表破碎，雨裂冲沟众多。燕山山脉以潮河为界分为东、西两段。东段多低山丘陵，海拔一般在 1 000 m 以下，植被茂盛，灌木、杂草丛生，森林面积广阔；西段为中低山地，一般海拔在 1 000 m 以上，植被稀疏，间有灌丛和草地。

燕山为侵蚀剥蚀中山，山体呈东西走向，海拔 500～1 500 m，北高南低，向南降到 500 m 以下，成为低山丘陵；有云雾山、雾灵山、都山、军都山等，主峰东猴顶 2 293 m。山地中多盆地和谷地，如承德、平泉、滦平、兴隆、宽城等谷地，遵化、迁西等盆地，是燕山山脉中的主要农耕地区。

2.2.2 地质构造

冀东地区位于河北省东部，行政区域主要包括河北省唐山市、秦皇岛市及其周边临近地带。冀东地区在大地构造上处于中朝准地台（Ⅰ级构造单元）的燕山台褶带（Ⅱ级构造单元）与华北断坳（Ⅱ级构造单元）的一部分，Ⅲ级构造单元自内陆向沿海方向则分为马兰峪复式背斜、沧县台拱、黄骅台拱、

---

① 中国大百科全书编辑委员会《中国地理》编辑委员会，中国大百科全书出版社编辑部.中国大百科全书·中国地理[M].北京：中国大百科全书出版社，1993.
② 毛澳朋.冀东地区传统民居的建筑特征研究[D].北京：北京建筑大学，2020.

山海关台拱等,下又分为开滦台凹等多个Ⅳ级构造单元。

冀东地区在漫长的地质发展史中,经历了多起性质不同、强弱不等的构造运动,在相应的地质体中留下了不同样式和性质、不同等级和次序的变形形迹。冀中凹陷强烈断陷、燕山断块整体隆起,在新构造单元之间或新构造边缘部位形成地震多发区。1976年唐山7.8级大地震,不仅使约25万人罹难、16.4万人重伤,还几乎将唐山夷为平地。唐山地区自有记载以来,共记录到5.7级以上地震66次,可见唐山地区的地震活动性在区域地震活动背景中是非常突出的。

燕山运动奠定了本区域构造格局,塑成了区域的主要构造骨架。区内地质构造较为复杂,其特点是断裂构造发育,褶皱构造次之。褶皱构造主要为迁安穹隆、司(家营)马(城)长(凝)复向斜、马兰峪大型箱装复式背斜、开平向斜以及同侵入体有关褶皱等,次级展布有碑子院背斜、车轴山向斜、丰登坞背斜等。断裂构造主要有遵化—山海关深断裂、赵本店—丰润深断裂、潘家口—喜峰口大断裂、青龙—滦县大断裂、宁河—昌黎隐伏大断裂、唐山断裂、大八里庄断裂、徐家楼断裂。

2.2.2.1 褶皱构造

1. 迁安穹隆

迁安穹隆大致以迁安市城区为中心,包括卵形穹隆和西侧边缘的水厂弧形褶皱东西部分,北、东、南三面分别被断层所截。水厂弧形褶皱东围绕穹隆的西缘分布,其形态呈同斜箱状,轴面均朝穹隆外侧陡倾。在横剖面上,复式背斜呈M形,复式向斜呈W形。复式向斜内控矿褶皱多为"两向一背"组合,背斜脊状突起,相对压紧,向斜翼陡底平,许多巨大储量矿石均聚集于"箱底"。构造线方向,基本近东西向。

2. 司(家营)马(城)长(凝)复向斜

司(家营)马(城)长(凝)复向斜基本形态为一系列的紧密同斜倒转褶皱,轴向近南北。褶皱规模较大,延伸稳定。自滦州至滦南长达30 km,构成冀东地区首屈一指的铁矿储矿构造。

3. 马兰峪大型箱装复式背斜

马兰峪大型箱装复式背斜分布于北纬39°~41°之间,褶皱变形激烈,在本区内为一大型箱状复式背斜，核部在马兰峪至金厂峪一线，宽约 20 km，由太古界组成。轴向近东西，向西倾伏，东端被断层破坏，长 120 km 左右。南北两翼宽展，依次由中、上元古界，古生界，以及中、下侏罗统地层组成。

4. 开平向斜

开平向斜为一隐伏的大型不对称向斜，地表大部被第四系所覆盖。向斜总体走向北东—南西，北东端翘起，向南西倾伏。两翼产状不对称：北西翼较陡，构造复杂，岩层倾角一般大于 45°，局部直立或倒转；南东翼较缓，构造简单。向斜最大宽度约 20 km，已知长度大于 50 km。向斜内由含煤的石炭系—二叠系组成。已知石炭系—二叠系分布面积在 500 km^2 以上，含有可采煤层约 10 个，总厚度 15 m 左右，含煤系数 5.43% ～ 10.22%。古冶区内包括开平向斜北西翼的北部和南东翼的中上部，面积约 220 km^2，其中，南东翼发育的次级构造有杜军庄背斜、黑鸭子向斜、吕家坨背斜、范各庄向斜和毕各庄向斜。

5. 同侵入体有关的褶皱

在历次构造运动的后期，均伴有岩浆的侵入和上升，这些岩体占据一定的空间后，对周围产生侧向挤压，造成一批同侵入体有关的褶皱变形，以燕山旋回各期大、中型岩体周围发育最为显著。如抚宁区响山岩体周围形成歪斜向斜，后石湖山岩体周围形成弧形褶皱。

6. 碑子院背斜

碑子院背斜轴部呈北东—北北东向延伸。该背斜东南翼地层呈倒转或近于直立，西北翼较缓，由古生界寒武系、上元古界青白口系，以及中元古界蓟县系、长城系组成，核部为蓟县系，断裂构造不发育，地层完整性较好。

7. 车轴山向斜

车轴山向斜轴走向为北东 52° ～ 55°。该向斜轴部向北端翘起，向南部倾覆，东南翼较缓。该向斜西北部与丰登坞背斜相临，东南翼与碑子院背斜西北翼相交。向斜轴部出露地层为石炭系—二叠系含煤建造，向两翼逐渐分布有寒武系、奥陶系、青白口系、蓟县系地层。

8. 丰登坞背斜

丰登坞背斜轴走向为北东 45° ～ 50°。该背斜轴北端略有翘起，两翼不对称，西北翼较缓，东南翼较陡。该背斜西北翼与窝洛沽向斜相邻，东南翼与车轴山向斜相接。背斜轴部出露地层为蓟县系地层，两翼依次为青白口系、寒武系、奥陶系、石炭系及二叠系地层。

2.2.2.2 断裂构造

区内断裂发育，分为深断裂、大断裂和一般断裂，总计100多条。

1. 深断裂

区内涉及的深断裂主要有两条。

（1）遵化—山海关深断裂：据物探资料推测，其为昌平—辽宁隐伏断裂的一部分，全长约350 km，区内长约120 km，其总体走向近东西。沿此断裂北侧是一自太古代—中生代多次频繁活动的岩浆活动带，大小岩体均呈近东西带状分布，其形成可能受此断裂控制。

（2）赵本店—丰润深断裂：其为沧州—大名深断裂的一部分，是平原区的一条深断裂带。此断裂北起丰润，总体走向北东30°，区内长约37 km。沧州以北走向变化大，多处被北西向断层水平错移。据地震测深资料，该断裂切穿整个地壳，断层两盘的新生界发育程度差异明显。西盘缺失下第三系和中生界地层，东盘则隐伏有巨厚的下第三系和下侏罗统地层。

2. 大断裂

区内主要有三条大断裂。

（1）潘家口—喜峰口大断裂：系密云—喜峰口大断裂的东段，总体走向近东西，全长约220 km，区内长约38 km，局部地带由断层群组合而成。挤压破碎带一般宽数十米，最宽可达200～300 m，糜棱岩带、片理化带及构造透镜体发育，属压性断裂（或称逆断层）。断面陡倾，多在80°以上，喜峰口以西倾向北，以东倾向南。该断裂对中—上元古代的沉积具有明显的控制作用，尤其是青龙以东的区段。北盘大红峪组及其以上各地层组层位齐全，总厚度5 000 m；南盘除井儿峪组外，其他层位沉积全部缺失，厚仅百余米。该断裂对有关期次岩浆活动的导控作用也较明显，如本段在区内宽城孤山子一带有太古代晚期超基性岩体。

（2）青龙—滦县大断裂：又称青龙河断裂，北起青龙满族自治县，向南沿青龙河河谷经卢龙、滦州、滦南，隔渤海湾同海兴—宁津大断裂遥遥相接。总体走向北东25°左右，倾向北西，长度150 km以上，破碎带宽度200～300 m。该断裂为中—新生代继承活动断层，前期兼具左行扭动性质，晚近时期地震频繁。据资料表明，沿该断裂北部有多处地热异常点分布。

（3）宁河—昌黎隐伏大断裂：系固安—昌黎隐伏大断裂的东段，自宁河经滦南至昌黎，向东入渤海。该断裂位于山前平原区，全线隐伏；走向近东西，但俵城至昌黎区段走向作北东60°方向弯曲，全长320 km，区内长度约140 km；沿线多处被北北东向或北西向断层水平错移，呈错落折线状；属中—新生代继承性活动的正断层。该断裂在中生代末已有雏形，新生代初剧烈活动，主要表现为北侧上升和南侧下降，对后来区内的新构造运动起一定的控制作用。

该断裂以北地区强烈上升，形成隆起，以南地区强烈下沉，形成凹陷，为燕山台褶带和华北断凹的分界线。中—新生代以来发生强烈活动，断裂两侧分布有全新世中期海相淤泥层。据重磁资料解释，该断裂上升盘基岩埋深为500～1 000 m，下降盘形成了昌黎凹陷、乐亭凹陷、涧河凹陷，凹陷内基岩埋深一般为2 500～4 000 m。断层的基岩断距可达1 500～3 000 m，断裂长度达数百万千米，是一条区域性的一级大断裂。

3. 一般断裂

（1）唐山断裂：位于唐山隆起东南一侧，走向北东30°，倾向南东，倾角70°～80°，为高角度正断层，长40 km。此断裂由陡河、巍山—长山、唐山—古冶等系列断裂构成。地震勘探表明，该断裂带宽20 km，断至莫霍面，第四系差异升降为50～100 m，新生代以来活动十分强烈。该断裂在唐山大地震之前就处于缓慢的蠕动变化状态，是一条发震断裂，它孕育了1976年7月28日唐山7.8级地震。

（2）大八里庄断裂：该断裂总体呈北东走向，南西端与宁河断裂相交，向北东经老庄子与三女河之间延伸至刘家营与杏山之间覆盖区，延伸长约80 km。断裂为断面倾向北西的正断层，倾角50°～60°，断裂第三系底界落差为120～400 m，断开最高层位为新近系或第四系，断点埋深120～200 m。该断层规模较大，对区域构造起主导作用，是燕山山前重要的地下水排泄通道，也是区域构造裂隙含水组的主导性构造，可称为上下各层状含水组越流补给的通道。

（3）徐家楼断裂：位于本区东部边缘，是一条走向北北东、倾向北西的正断层。该断裂长度大于 40 km，断距约 70 m，为隐伏断层，全新世以来未见活动迹象。

2.2.3 地层与岩浆岩

2.2.3.1 地层

区内地层除上奥陶系、志留系、泥盆系及下石炭系外，各时代地层从太古界、元古界、古生界、中生界到新生界地层均有出露，新生界第三系隐伏于平原区。区内地层由老到新简述如下。

1. 太古界

太古界由变质岩及古老的均质混合岩组成。变质岩分布在遵化、迁西、迁安、卢龙的北部以及昌黎西部；均质混合岩分布在抚宁北部。主要岩性为各种片麻岩、角闪岩、麻粒岩、斜长角闪岩夹少量浅粒岩、变粒岩和不稳定的磁铁石英岩。

2. 元古界

区内缺失下元古界地层，中、上元古界地层出露面积仅占全区面积的 1/6。

（1）中元古界

区内出露的中元古界地层主要包括长城系和蓟县系，分布于遵化—迁西以南和滦州广大地区。长城系主要为石英砂岩、白云岩、含砾石英砂岩、沥青质白云岩、含燧石条带结核白云岩。蓟县系为燧石条带白云岩、沥青质白云岩、砂泥质白云岩。

（2）上元古界

青白口系分布于丰润北部、滦州东部、古冶、柳江盆地等，主要为含砾长石砂岩、石英砂岩、含泥质白云岩。

3. 古生界

区内出露的古生界地层主要包括寒武系、奥陶系中下统、石炭系中上统和二叠系。寒武系分布于滦州、丰润北部，主要为杂色页岩、灰岩和白云岩。奥陶系分布与寒武系基本一致，岩性为石灰岩。石炭系、二叠系分布于开平盆地、柳江盆地，岩性为砂岩、页岩和煤层。

4. 中生界

区内出露的中生界面积小，约 500 km²，缺失三叠系，中、上白垩统，分布于迁西新集、卢龙燕河营、柳江盆地等，主要为沙砾岩、流纹岩、安山岩、凝灰岩、玄武安山岩。

5. 新生界

据钻孔和地震测试资料显示，其分布于宁河—昌黎隐伏大断裂以南的乐亭、柏各庄、南堡一带，岩性为砾岩、砂岩、泥岩。

2.2.3.2 岩浆岩

本区岩浆岩活动强烈，具有多旋回性。按时代划分为太古代五台旋回、元古代吕梁旋回、中生代燕山旋回，以中生代燕山旋回最为突出。岩浆岩大小侵入岩体分布面积约占全区总面积的 1/10。

1. 岩体

（1）柳各庄岩体

柳各庄岩体为太古代五台期形成的侵入岩体，分布于抚宁区马各庄—柳各庄—青龙满族自治县茨榆山一带。长轴呈北北东向至长城介岭口转为北北西向，面积 272 km²。其岩性为变质的闪长岩，具有明晰的片麻状构造。

（2）杨家山岩体

杨家山岩体为元古代吕梁期形成的侵入岩体，分布在卢龙县杨家山一带。长轴方向为北北西向延伸，呈岩墙产出，长 180 m，宽约 100 m。其岩性为花岗闪长岩。

（3）茅山岩体

茅山岩体为中生代早侏罗世燕山期形成的侵入岩体，分布于遵化马兰峪东北 6 km 茅山一带，面积约 16 km²。长轴呈北西向延伸，与围岩为不整合接触，且被北东向断层切开。其岩性为二长花岗岩。

（4）青山口岩体

青山口岩体为中生代中侏罗世燕山期形成的侵入岩体，分布于迁西县黄槐峪、东水峪青山口一带。长轴呈近东西向延伸，面积 28 km²，与围岩为不整合接触，围岩具硅化、黄铁矿化等蚀变现象。其岩性为石英闪长岩、花岗闪长岩。

(5) 高家店岩体

高家店岩体为中生代中侏罗世燕山期形成，分布于迁西县三屯营镇高家店—龙湾一带。长轴为北东向延伸，面积 45 km²。其岩性为闪长岩、二长岩、花岗岩，围岩具蚀变现象。

(6) 响山岩体

响山岩体为中生代晚侏罗世燕山期形成，分布于秦皇岛猩猩峪—象山一带。长轴呈北北东向延伸，面积 217 km²。其岩性为斑状花岗岩。

(7) 昌黎岩体

昌黎岩体为中生代晚侏罗世燕山期形成，分布于昌黎县城至抚宁区大新寨一带。长轴呈北北西向延伸，面积 130 km²，与围岩侵入接触。其岩性为斑状花岗岩。

2. 岩脉

区内岩脉发育，分布广泛，种类繁多，规模大小不一，展布方向各异。

(1) 酸性－中酸性岩脉

酸性－中酸性岩脉包括花岗岩脉、花岗斑岩脉、伟晶岩脉等，分布于高家店、贾家山一带，展布方向多为北北东—北东向。其规模不大，一般宽几米至 100 m，最宽达 200 m；一般长数十米，最长达 3 000～4 000 m。

(2) 中性岩脉

中性岩脉包括闪长岩脉、闪长玢岩脉，主要分布于高家店、后杖子、贾家山一带，展布方向多数为北北东和北北西向。一般宽几米至百余米，长十几米至 3 000 m，宽度最大可达 100～200 m，长度最大可达 8 000 m。

(3) 基性岩脉

基性岩脉包括辉绿岩脉、辉长岩脉，分布于卢龙杨家山及迁西龙新庄—二拨子一带，展布方向主要为北北东—北东向、北北西—北西向。其规模不大，一般宽数米至百余米，长 2 000～4 000 m。

2.2.4 水文地质

本区地下水主要是大气降水渗入补给而形成的。以地层为基础，地质构造、地形地貌起控制作用，气象水位条件是重要的形成背景。在诸因素的综合作用下，在漫长的地质历史时期内形成了复杂的水文地质综合体。

2.2.4.1 含水层概述

区内地下水含水层主要由沟谷、河谷及盆地区的第四系孔隙潜水含水层、中低山及丘陵山区的基岩风化裂隙潜水含水层及构造裂隙潜水含水层组成。部分地段有承压裂隙水存在，但分布范围局限，水头低，水量小。

1. 第四系孔隙潜水含水层

（1）残、坡积层：主要分布在山涧沟谷及谷坡地带，含水层厚度 $0 \sim 5$ m，局部地段不足 2 m。含水层厚度较薄，分布局限，所处地貌部位不利于地下水的补给，水量微弱或基本不含水。

（2）冲、洪积层：主要分布在北部中低山区、低山丘陵山涧沟谷、河谷区，南部低山丘陵间的河谷盆地区，为第四系松散岩类孔隙潜水。

北部沟谷、河谷区潜水含水层厚度一般为 $5 \sim 10$ m，透水性较好，地下水相对丰富，水位埋深 $3 \sim 5$ m。局部地段含水层厚度相对较大，水量较大，大口井单井涌水量 $5 \sim 30$ m^3/d，部分地段大于 100 m^3/d，矿化度为 $0.69 \sim 0.995$ g/L。

南部低山丘陵间的盆地及贯穿盆地的滦河、蓟运河水系及其支流两侧，发育有河漫滩和Ⅰ、Ⅱ级阶地区。含水层以太古界古老变质岩为基底，其上堆积有较厚的第四系冲积层、冲洪积层。岩性以卵石、砾石和中细沙、细粉沙为主，一般厚 $8 \sim 35$ m，最厚达 50 m。地下水位埋深 $3 \sim 5$ m，水量相对丰富。

2. 基岩风化裂隙含水层

基岩风化裂隙含水层分布在滦河中游及其支流长河、柳河等流域，地处中低山深谷及丘陵区，主要为太古界、中上元古界的变质岩、碳酸盐类。风化带发育深度为 $30 \sim 50$ m，地下水位埋深 $15 \sim 30$ m，局部地段埋深大于 30 m。含水层透水性好，水量相对丰富，钻孔单位涌水量 $0.587\,5 \sim 6.229\,4$ m^3/(d·m)，渗透系数 $0.004 \sim 0.276\,8$ m/d（据迁安羊崖山、遵化花椒园等铁矿资料）。地下水径流模数 $[(5 \sim 10) \times 10^4]$ m^3/(a·km^2)，部分地段小于 (5×10^4) m^3/(a·km^2)。多以泉的形式排泄，单泉流量 $10 \sim 50$ m^3/h 不等，部分地段大于 100 m³/h。属重碳酸盐 - 钠镁型水，矿化度小于 0.27 g/L。

基岩风化裂隙潜水各含水岩组受岩性、构造等条件差异控制，含水层富水性极不均一。不同含水岩组岩性不同，富水性亦相差悬殊，如常州沟组和串岭沟组富水性较弱，多数地段不含水或为隔水岩组。基岩裂隙发育密度、深度与埋藏条件，也直接控制着该含水层富水性的强弱。

3. 构造裂隙含水层

区内广泛分布的是变质岩，构造总体上不太发育。部分地段发育的构造主要为褶皱，褶皱轴部分布有规模不等的断层和裂隙，且多被泥质充填，基本不含水。但局部地段构造带及其附近岩溶裂隙和节理发育，部分断层切穿矿体，未被充填，与地表水体水力关系密切，含水导水，富水性相对较强，但不均一。

4. 承压裂隙含水层

两层片麻岩之间的混合花岗岩或磁铁石英岩裂隙发育处，一般极易形成承压裂隙水，另在深部构造带附近或凹褶皱轴部也极易形成承压裂隙水，局部地段承压水可涌出地表，水头 0.32～13.50 m，自流量 0.032～0.26 L/s，渗透系数 0.04 m/a。

2.2.4.2 地下水的补给、径流与排泄

地下水多以小流域为单元，以分水岭为界在流域内形成规模不等、相对独立的水文地质单元，自成一地下水补、径、排系统。矿区多分布在山区，地下水的补给、径流和排泄，与山区沟谷地下水补、径、排模式基本一致。

山区地下水主要接受大气降水的补给，一般降水顺山坡由地势较高处运移至山涧沟谷、河谷区，除一部分形成地表水外，其他部分渗入补给沟谷、河谷区的地下水，在其底部形成地下水径流带。径流带由上游往下游运移，并在沿途与地表水相互频繁转换。山区中的沟谷和河流，是连接各水文地质单元的渠道，通过沟谷和河流将各水文地质单元串连成小区、亚区和水文地质分区。地下水动态变化主要受大气降水的控制，根据民井调查统计，地下水年变幅一般在 1～2 m 之间。

第 3 章　冀东地区露天矿山环境问题

本区域矿产资源丰富，矿业开发较早，采矿业发展程度较高。矿业发展促进了当地经济发展，但露天矿山的存在为当地带来了严峻的地质、生态环境问题。

3.1 地质环境问题

露天矿山开采过程中剥离矿体上方及周边的表土、植被与岩石，直接破坏了土地及其植被。大量矿石及废石被采掘后，强烈地改变了原有的地形地貌，破坏了自然景观。露天开采剥离的大量岩土，产生的废渣侵占了大量土地。区域内露天矿山地质环境问题具有以下特征。

1. 矿山地质环境问题类型的多样性

矿山地质环境问题类型众多，表现形式多样。矿山建设的工业广场、露天矿表土剥离、弃土排渣、尾矿堆放等改变了矿区原有的地形地貌，产生了土地资源被占压与破坏等矿山地质环境问题。矿区采掘诱发崩塌、滑坡、泥石流、地面塌陷等地质灾害。矿山开采造成水、土、大气环境污染等。

2. 矿山地质环境问题的复杂性

矿山地质环境问题的主要诱发因素是采矿活动，与矿产类型、开发方式密切相关，与矿区的地质背景、气象、水文和植被等自然因素也有一定关系。矿种及开发方式不同，矿山地质环境问题特征也明显不同。露天开采矿山造成的地貌景观破坏严重，而地下开采除了破坏矿区地貌景观外，还会产生地面塌陷、地裂缝等地质灾害问题。

3. 矿山地质环境问题的多因性和复发性

一类矿山地质环境问题往往是采矿、选矿等多种活动过程共同作用的结果，其诱发因素众多。如土地资源的占压与破坏可以是采矿废渣、选矿尾矿的占压，还可能是露天开采剥离导致的农田损毁，或因滑坡、泥石流、地面塌陷造成的土地功能改变与土地质量的下降。另外，某些地质环境问题还具有多次原地复发的特点。

4. 矿山地质环境问题的地域性

矿山地质环境问题的类型、严重程度与矿山所处的自然地理环境密切相关。不同地质环境背景区矿山地质环境问题的特征不同，如崩塌、滑坡、泥石流等地质灾害主要发生在丘陵山区，地面塌陷主要发生在山间盆地及平原区。

5. 矿山地质环境问题危害的集中性与严重性

矿山地质环境问题主要发生在矿山生产现场及周边影响范围之内，直接威胁采矿作业场、工况设施和周边居民的生命财产安全。矿山环境问题不仅造成直接和间接的经济损失，而且破坏人居生态环境。矿山环境污染危害人体健康的滞后性和累积性更为深远，以至于在矿山闭坑后相当长的时期内影响仍会存在。

6. 矿山地质环境问题的群发性与共生性

矿山地质环境问题往往不是孤立发生或存在的，而是具有群发性和共生性的。往往一种矿山地质环境问题的结果是另一种矿山地质环境问题的诱发因素。如矿山弃土废渣的排放会产生土地占压、环境污染等地质环境问题，同时还可能诱发渣石堆崩塌、滑坡、矿渣流、泥石流等地质灾害。

7. 矿山地质环境问题的时域性

区内矿山地质环境问题的发生时间集中在20世纪90年代中期以后，这是因为在90年代以前，基本上只有较大规模的国有矿山企业开采，而90年代以后，由于社会经济发展的需要，出现了一个前所未有的采矿高潮。由于严重的乱采滥挖、乱排乱放、越层越界，而且开采技术水平低下，再加上矿山生态修复环节薄弱，各种矿山地质环境问题自然就凸显出来了。

3.1.1 矿山地质灾害

露天矿山常常伴有崩塌、滑坡、泥石流等地质灾害问题。根据自然资源部中国地质调查局地质环境监测院编制的《全国地质环境安全程度图》，冀东地区大部分受到地壳稳定性和突发性地质灾害易发程度共同影响，冀东地区地质环境安全程度为Ⅱ或Ⅲ级，较易发生地质灾害。根据2020年6月河北省自然资源厅印发的《2020年河北省地质灾害防治方案》，冀东地区内承德市、秦皇岛市、唐山市等地山区是崩塌、滑坡、泥石流地质灾害重点预防区。

1. 崩塌

冀东山地自然崩塌多发生于片麻岩、沉积岩及火山沉积岩区。岩石破碎、层面裂隙发育、多软弱岩层，采矿、修道等人为工程活动，以及水流冲刷、降雨与地震等，成为崩塌的主要诱发因素。

矿山开采形成的边坡多为岩质边坡，坡度大多在35°～60°之间，局部边坡坡度可达70°。因开采程度不同，各矿山边坡高度有较大差异，部分矿山边坡超过100 m（采坑底部到掌子面顶部），形成高陡边坡。边坡坡面大多不平整，节理裂隙较发育，风化程度中度到强度，坡面基岩裸露。受矿山开采过程中爆破影响，部分矿山坡面存在较多危岩体，呈块状或碎裂状，具有潜在的崩塌地质灾害隐患，威胁周边过往人员及车辆安全。

2. 滑坡

冀东地区滑坡多为上部风化残坡积层沿下伏软弱基岩面下滑，滑坡的产生一定程度上还取决于山区的工程活动情况，尤其是在采矿过程中不合理地开挖边坡形成较大临空面，造成岩体失稳形成危岩体，进而产生滑坡。另外，矿山开采过程中，废石、废渣等不合理地堆放，也容易造成边坡失稳。

矿山开采形成的边坡不仅对原地形地貌造成了破坏，也产生了新的问题，大多数存在边坡失稳的现象。其中，岩质边坡倾角与岩层产状基本一致，形成顺向坡，并受矿山开采爆破及边坡多年风化侵蚀影响，坡面节理裂隙发育，结构面发育，为滑坡地质灾害的产生创造了物质条件；部分土质边坡和类土质边坡高度较大，坡度较陡，土体较松散，受降雨、地震、人类活动等影响，土体容易受到扰动而产生滑塌，对周边过往行人和车辆安全造成严重威胁。

3. 泥石流

泥石流历来是区域内突发性地质灾害中发生区域广、危害严重的一类灾害。近些年来，泥石流发生的区域、规模、频率及危害程度呈不断上升的趋势。燕山南麓的青龙、迁安、迁西、遵化、兴隆等县市均为泥石流的多发区。泥石流主要发生于地质构造复杂、岩石风化破碎严重、新构造运动活跃、地震频发、崩塌灾害多发的地段，降雨也对成灾有重大影响，降雨的强度及降雨总量往往直接决定了泥石流灾害分布的范围及成灾程度。如1995年燕山山脉降雨量大、强度高，受其影响，平泉县（今平泉市）蚂蚁沟、迁西县栗树湾及汉儿庄、迁安市桑园至金山院、首钢十里尾矿堆等地都暴发了大型泥石流灾害。

3.1.2 对含水层的影响与破坏

受开采矿种、开采方式及开采规模不同的影响，矿业开发对含水层的影响与破坏程度也不一样。灰岩、白云岩等非金属矿产一般为露天开采，开采方式多为山区放坡式开采，少有凹陷式深挖开采，对含水层破坏一般不大。而铁矿等金属矿产开采方式多样，露天开采、地下开采方式并存。露天开采一般都会形成规模较大的矿坑，在第四系潜水层及基岩裂隙水等含水层发育的地区，矿山开采对含水层的影响与破坏较大。

3.1.3 对地形地貌景观的影响与破坏

矿山开采及矿业活动形成的开采掌子面、采坑、工业广场（矿山建筑）、排渣场、选矿厂、尾矿库、矿山道路等，对原有地形地貌景观都会造成一定程度的破坏。部分矿山露天开采形成的大量高、陡、裸露的岩质边坡，与周围自然地形地貌格格不入，与环境不协调，产生了显著的"白茬山"问题，造成了较差的视觉效应。尤其是在城镇周边、高速公路沿线两侧等"三区两线"可视范围之内，产生了严重的视觉污染，严重影响了区域形象。

3.1.4 对土地资源的占用与破坏

矿业活动对土地（植被）资源的影响和破坏，包括改变土地利用现状、破坏地貌景观,以及水土流失、土地沙化等。地下开采矿山对土地资源的影响主要表现为采空区地面塌陷,地裂缝破坏土地,固体废弃物占用或损毁土地,矿山地质灾害对土地资源的破坏。露天矿山对土地资源的影响主要是采矿场、工业广场(矿山建筑)、排渣场、选矿厂、尾矿库、矿山道路破坏和占压土地资源。

矿山开发占用破坏土地是难以避免的。一方面,采矿场、废石、尾矿等固体废弃物都要占压破坏土地资源;另一方面,无论地下开采还是露天开采,都不同程度地改变或破坏地质环境,形成采空区或高陡边坡,进一步破坏土地资源。采矿过程及矿山废弃物的堆积对矿区及周围的植被均产生严重破坏,造成地表裸露、土质松软,导致水土流失。矿业开发占用破坏大量土地,不仅加剧土地资源短缺矛盾,而且导致土地的经济和生态效益下降。

3.2 生态环境问题

生态环境问题,是指由于生态平衡遭到破坏,导致生态系统的结构和功能严重失调,从而威胁到人类的生存和发展的现象。本区域露天矿山主要存在水土流失、植被退化、生物多样性减少、大气污染、固体废弃物排放等问题。

1. 水土流失

水土流失,是指由于自然或人为因素的影响,雨水不能就地消纳,顺势下流、冲刷土壤,造成水分和土壤同时流失的现象。水土流失的主要原因是地面坡度大、土地利用不当、地面植被遭破坏、耕作技术不合理、土质松散、滥伐森林、过度放牧等。水土流失的危害主要表现在:①土壤耕作层被侵蚀、破坏,使土地肥力日趋衰竭;②淤塞河流、渠道、水库,降低水利工程效益,甚至导致水旱灾害发生,严重影响工农业生产;③给山区农业生产及下游河道带来严重威胁。

2. 植被退化

矿山露天开采直接剥离了原有的植被,并破坏了植被生长所需要的水、土、大气、光照等平衡条件,短期内难以靠自然方式恢复成原有的植被群落,对当地局部植被的自然演替发展造成了干扰。植被退化，使局部基岩裸露，减少了植物多样性，加剧了土壤贫瘠。

3. 生物多样性减少

矿山露天开采加剧了人类对区域自然环境的干扰，不仅破坏了当地的植被生长环境，更破坏了当地野生动物的栖息环境，使生物多样性减少。

4. 大气污染

露天采矿工作面的钻孔、爆破以及矿石、废石在装载运输过程中产生的粉尘，废石场废石（特别是煤矸石）的氧化和自然释放出的大量有害气体，废石风化形成的细粒物质和粉尘，以及尾矿风化物等，在干燥气候与大风的作用下会产生尘暴等，这些都会造成区域环境的空气污染。

5. 固体废弃物排放

采矿形成的固体废弃物占用了大量土地，损坏了地表，同时对土壤和水资源也造成了严重污染。含有害化学元素的废渣，因降雨浸润，污染地表水、地下水和耕地。废石、尾砂及粉尘的长期堆放，在空气、水等作用下，风化分解，很多含有害元素的化合物进入地表及地下水中。矿山中大量含有硫化物和多种重金属的废岩、废渣和尾矿经雨水的淋溶作用，形成含有多种有害元素的酸性废水，污染地表水和土壤，或通过下渗污染地下水。

第4章 矿山生态修复勘查

4.1 一般规定

4.1.1 基本要求

（1）勘查的精度应满足施工图设计的要求。

（2）根据主控项目中的分部工程、分项工程，布置调查、勘查、试验等工作；获取施工图设计中所需的矿山地质及生态环境条件、治理工程参数等资料。

（3）按合同、委托书要求，统筹勘查工作任务；按分部工程、分项工程布置勘查工作量，明确工作质量、进度、经费估算、勘查成果要求，为施工图设计提供依据。

（4）勘查工作要满足绿色勘查的相关要求。

（5）以单个矿山为单位编制勘查成果，以区域或标段为单位编制"××区域（标段）各矿山生态修复工程勘查汇总表"及汇总说明。

4.1.2 工作目的

查明矿山地质环境破坏的边界条件、地形条件、破坏的严重程度、工程地质条件、水文地质条件；已有资料不能满足要求时，可视具体情况进行地形测量，工程地质测绘、勘探、试验等工作，对矿山生态修复治理区拟采取的治理方法的可行性及适宜性作出评价，提出矿山生态修复工程治理方案建议，为施工图设计提供必要的基础资料。

4.1.3 工作任务

（1）查清治理区的工程地质条件。

（2）查明生态修复工程治理区的矿山地质环境问题、特征、危害程度、地质灾害类型及分布特征，并对其稳定性作出评价。

（3）结合工程设计方案，对所设计的治理工程场地和重点部位进行针对性的地形测量、施工剖面测量及工程地质测绘。

（4）合理布置钻探、槽探、井探、硐探、原位试验和现场试验，补充采集必要的岩、土、水试验样及分析样，为治理工程施工设计提供参数。

（5）编制勘查成果报告及相关图件。

4.1.4 工作基本程序及内容

矿山生态修复勘查的工作流程包括工程部位地形测量、工程地质测绘、矿山地质环境专项勘查、勘探与试验、土地资源破坏调查、土壤调查、植被调查、施工条件调查、勘查成果分析与评价、成果编制。

4.2 地形测量

4.2.1 控制测量

控制测量作为进行各种细部测量的基准，其作用是限制测量误差的传播和累积，保证必要的测量精度。控制测量贯穿在工程建设的各阶段，包括工程勘测阶段的控制测量、工程施工阶段的施工控制测量、工程竣工后在运营阶段为变形观测进行的专用控制测量。控制测量一般分为平面控制测量和高程控制测量。平面控制测量的目的是确定控制点的平面位置（X、Y），高程控制测量的目的是确定控制点的高程（H）。

1. 平面控制测量

在冀东地区矿山生态修复项目中，平面控制测量一般需要4～6台双频GNSS接收机，用于四等GNSS控制网观测。基线解算和网平差采用符合精度要求的通用平差软件进行。在项目区范围布设四等GPS控制点不少于3个，控制网将与2个以上的高等级国家控制点联测。联测点在项目区周边选取，数量不少于3个，且保证在布设的四等GPS控制网周边均匀分布，控制网的形状宜为大地四边形或中点多边形。布设的四等GPS控制点应优先选择在地面埋设，并需设置永久性测量标志。标志必须满足平面、高程共用的要求。

GPS控制测量作业的基本技术要求如表4-1所示。

表4-1 GPS控制测量作业的基本技术要求

参数	等级		
	四等	一级	二级
接收机类型	双频或单频	双频或单频	双频或单频
观测量	载波相位	载波相位	载波相位
卫星高度角/(°)	≥15	≥15	≥15
有效观测卫星数	≥4	≥4	≥4
观测时长/min	15～45	10～30	10～30
数据采样间隔/s	10～30	10～30	10～30
点位几何图形强度因子PDOP	≤6	≤8	≤8

2. 高程控制测量

项目区的高程控制测量按照《工程测量标准》（GB 50026—2020）中的水准测量和GPS拟合高程测量执行。

4.2.2 数字化地形测量

（1）针对矿山地质环境问题及拟建工程部位开展大比例尺的地形测量，比例尺一般要求为1:200～1:1 000。

（2）地形图精度，要求图上地物点相对于邻近图根点的点位误差不大于图上0.5 mm，邻近地物点间距误差不大于图上0.4 mm。隐蔽或施测困难地区，可放宽50%。高程注记点一般选在明显地形或地物点上，图上注记至0.1 m。

（3）工程地质断面测量应采用全站仪或GPS-RTK施测，断面点至测站点最大距离应小于800 m。断面图测量比例尺一般为1:1 000～1:2 000。断面图应注明名称、编号、比例尺、实测方位等。

4.2.3 工程地质剖面测量

（1）剖面图要在可行性研究勘查的基础上布置，主要对控制反映整体的长剖面进行加密，布置反映矿山地质环境问题及拟建工程部位的短剖面。

（2）线性工程的剖面测量应沿工程布置轴线进行，结合地形适当布置横剖面，比例尺宜为 1:200～1:500。

（3）工程地质剖面图记录内容应全面、准确，各类矿山地质环境问题、地层产状、地层岩性及厚度等应按有关规范的统一格式标绘于剖面图相应位置上。剖面起点、终点和工程位置、地质界线及各种数据应准确。按比例尺要求，地质体和重要地质现象无遗漏，各种构造要素表示合理，文字综述合理简练。

4.2.4 工程点测量

（1）采用全站仪极坐标法或者 RTK 测量。

（2）钻孔平面位置以封孔后标石中心或套管中心为准，高程以套管口为准，并量取标石面或套管口至地面的高差。

（3）探槽、探井平面位置和高程以回填后的中心点为准。

4.2.5 提交资料成果

提交的资料成果包括以下方面：

（1）GPS E 级或相应等级以上控制点展点图、点之记、成果表以及图根控制点成果表。

（2）GPS E 级以上控制点四等水准观测、计算手簿。

（3）测量仪器检验记录。

（4）数字地形图及数字化光盘。

（5）测量报告。

4.3 工程地质测绘

在可行性勘查的基础上，详细查明矿山地质环境问题及工程部位的工程地质条件。

4.3.1 基本要求

（1）工程地质测绘的范围应当包括矿山地质环境问题、拟建工程位置及适当扩宽的邻近稳定地段，比例尺可根据工程规模选用 1:200～1:500。

（2）工程地质测绘使用的地形图应是符合精度要求的同等或大于地质测绘比例尺的地形图。当采用大于地质测绘比例尺地形图时，控制测量成果应满足工程地质测绘的要求。

（3）图件的精度和详细程度，应与地质测绘的比例尺相适应，图上宽度大于 2 mm 的地质现象应予测绘。对具有特殊工程地质意义的地质现象，在图上宽度不足 2 mm 时，应扩大比例尺表示，并标注其实际数据。地质界线误差，应不大于相应比例尺图上的 2 mm。

（4）测绘方法应采用实地测绘法，在地形陡峻的掌子面等地区，可结合无人机进行地质调绘，并进行野外验证。

（5）野外记录应在现场进行，内容要真实全面、重点突出，凡图上表示的地质现象，应有记录可查。重要地质点或地质现象应进行素描或摄影、录像。

4.3.2 工程地质测绘内容

1. 地质环境条件

工程地质环境条件主要包括地形地貌、地层岩性与地质构造、水文地质、工程地质、地质灾害等。

（1）地形地貌：勘查区的天然地貌特征，包括平原、丘陵、山地、高原和盆地五大形态类型，以及可进一步细分的微地貌类型特征。

（2）地层岩性与地质构造：勘查区的岩性特征、地层的层序、地质时代、厚度，矿床类型与赋存特征，地质构造、新构造运动和地震等。

（3）水文地质：勘查区的水文地质单元及其特征，地下水类型，主要含水岩组的分布、富水性、透水性、地下水位、地下水化学特征，地下水补给、径流和排泄条件，地下水与地表水之间的关系等。

（4）工程地质：勘查区的岩性、岩体结构及风化特征、岩体强度及形变特征、岩体抗风化及易溶蚀性特征、土体岩性类型及结构特征等。

（5）地质灾害：勘查区已发生的和潜在的地质灾害类型、规模、分布、危害对象、危险性和危害程度等。

（6）土地利用：勘查区的土地利用现状，包括土地类型、权属、面积、分布和利用状况。

（7）植被概况：勘查区的植被类型、分布、面积、覆盖率等。

（8）其他人类工程活动：勘查区内除采矿活动之外的人类工程活动，如自然保护区、城市、乡村、工业与民用建设工程、水利电力工程、交通工程、供水工程等。

2. 矿山地质环境问题

矿山地质环境问题主要包括露天采场、矿山内平台、工业广场、办公生活区等。

（1）露天采场情况，包括掌子面的延伸长度、高度、坡度、坡向、坡面台阶、岩层产状、坡面浮石情况、破碎情况，残山、孤山、岩墙、采坑的位置、长度、宽度、深度、面积及体积。

（2）矿山内平台、工业广场、办公生活区的面积、所处位置、废弃物堆存情况、建（构）筑物使用与权属情况等。

（3）渣堆、排土场位置、长度、宽度、面积、高度、体积、坡度、物质组成、颗粒级配、渣坡厚度、堆存形态等。

3. 矿山工程部位

矿山工程部位主要包括实地测绘拟建工程部位及附近的地貌、地层岩性、地质构造、自然地质现象、不良地质现象等，测绘地质点的位置、高程，测绘工程地质图、素描图、地质剖面图，对典型地质现象进行拍照等。为全面查清和描述拟建工程部位的工程地质特征，可设一定数量的探槽或探井，并在探槽和探井中采集具有代表性的岩（土）样，必要时进行鉴定或试验，对岩（土）作定名、分类和分层。

4.4 矿山地质环境专项勘查

4.4.1 崩塌勘查

1.危岩崩塌地质测绘与调查所采用的比例尺及精度要求

危岩崩塌地质测绘与调查所采用的比例尺及精度应符合下列要求：

（1）陡崖和崩塌堆积体测绘精度采用 1:500～1:1 000，危岩单体测绘精度采用 1:100～1:200。

（2）每 10 cm×10 cm 范围观测点不少于 3 个。每个危岩体及主控裂隙的观测点不少于 1 个。观测点经分类编号后，标注在工作图上，并用卡片详细记录。对于重要观测点，需用油漆或木桩在实地标示。

（3）重要观测点的定位采用仪器测量，一般观测点采用半仪器定位。

2.危岩崩塌地质测绘与调查的内容

危岩崩塌地质测绘与调查的内容应符合下列要求：

（1）调查崩塌所在区域的地形地貌、地质构造、地层岩性、水文地质条件、不良地质现象，了解与崩塌有关的地质环境。

（2）在分析已有资料的基础上，调查崩塌所处陡崖岩性、结构面产状、力学属性、延展及贯穿情况、闭合程度、深度、宽度、间距、充填物、充水情况、结构面或软弱层及其与斜坡临空面的空间组合关系，陡崖卸荷带范围及特征，基座地层岩性、风化剥蚀情况、岩腔与洞穴状况、变形及人类工程活动情况。同一区域，陡崖地质环境条件变化大时，应进行分段调查评价。

（3）对于危岩体，应调查下列内容，并对正面、侧面、基座和主要裂缝进行拍照：

①危岩体位置、形态、规模、分布、高程；

②危岩体、基座及周边的地质构造、地层岩性、岩体结构类型，基座压裂变形情况及其对危岩体稳定性的影响；

③危岩体及周边裂隙充水条件、高度及特征，泉水出露、湿地分布、落水洞情况；

④危岩体变形发育史及崩塌影响范围。

（4）对卸荷裂隙进行专门调查并编号，标注在图上。调查裂隙的性质、几何特征、充填物特性、充水条件及高度；对裂隙进行分带统计，划出卸荷带范围。

（5）对于崩塌堆积体，调查下列内容：

①崩塌源的位置、高程、规模、地层岩性、岩（土）体工程地质特征及崩塌发生的时间；

②崩塌体运移斜坡的形态、地形坡度、粗糙度、岩性、起伏差，崩塌块体的运动方式、运动路线和运动距离；

③崩塌堆积体的分布范围、高程、形态、规模、物质组成、分选情况、植被生长情况、块度（必要时需进行块度统计和分区）、结构、架空情况和密实度；

④崩塌堆积床形态、坡度、岩性和物质组成、地层产状；

⑤崩塌堆积体内地下水的分布和运移条件；

⑥崩塌堆积体中孤石的大小、岩性，所处位置的坡度，下伏岩土体的类型，水文地质条件，变形情况。

（6）调查崩塌影响范围内的人口及实物指标。

工程地质测绘与调查成果包括野外测绘实际材料图、野外地质草图、实测地质剖面图、各类观测点的记录卡片、地质照片集、工程地质调查与测绘工作总结。

3. 危岩崩塌勘探工作布置要求

危岩崩塌勘探工作布置应满足下列要求：

（1）查明危岩体边界、尺寸、物质组成、塌滑面形态、结构面切割情况、基座情况。

（2）查明陡崖岩性、结构面性状、岩体完整性。

（3）查明拟设治理位置工程地质条件。

危岩崩塌勘探可采用槽探、井探等勘探方法。对于地质环境特别复杂、危害大的崩塌，必要时可布置硐探工程。

卸荷带特征、控制性裂隙分布及充填情况勘探宜采用槽探，软弱基座分布范围勘探宜采用槽探和井探。

4. 危岩崩塌勘探的布设要求

危岩崩塌勘探线的布设应满足下列要求：

（1）控制性勘探线与一般勘探线相结合，取样及现场测试布置在控制性勘探线上。

（2）陡崖勘探线间距不大于 100 m，且每个陡崖至少有 1 条勘探线。

（3）对于大型以上的危岩和有重要保护对象的中小型危岩，应布设控制性勘探线；对于其他危岩，布设一般勘探线。

（4）控制性勘探线沿危岩可能崩塌方向布设，从危岩后缘稳定区域一定范围到崩塌可能影响范围，且尽量通过危岩的重心。

（5）一般勘探线布设在危岩的代表性部位，尽量通过其重心。勘探线长度以能准确反映危岩形态、母岩及基座特征为原则确定。

5. 危岩崩塌勘探点的布设要求

危岩崩塌勘探点的布设宜符合下列要求：

（1）在危岩体后缘布设勘探点。

（2）危岩崩塌勘探工作布置时，槽探、硐探工作量应根据需要确定。

4.4.2 滑坡勘查

1. 基本要求

（1）滑坡勘查的范围应包括滑坡及其邻区。勘查区后部应包括滑坡后壁以上一定范围的稳定斜坡或汇水洼地，勘查区前部应包括剪出口以外一定范围的稳定地段，勘查区两侧应到达滑体以外一定距离或邻近沟谷。

（2）滑坡勘查应以地质测绘与调查、钻探、井探、槽探为主，必要时，应采用硐探和物探。

（3）滑坡地质测绘平面图比例尺宜采用 1:500～1:2 000，应根据滑坡面积、防治工程等级和滑坡治理工程设计的需要进行选择。当滑坡防治工程等级为一级或滑坡平均宽度小于 500 m 时，应取 1:500。剖面图比例尺宜采用 1:200～1:500。

（4）滑坡地质测绘与调查应查明滑坡区的自然地理条件、地质环境、滑坡各种要素特征和滑坡的变形破坏历史及现状，并对滑坡成因、性质和稳定性作出判断。

（5）滑坡自然地理条件调查应以搜集资料为主，其内容应包括滑坡所处地理位置（地理坐标）、行政区划，滑坡区的交通状况、气象水文（尤其是降雨、河流或水库水位）、经济状况。

（6）滑坡地质环境调查的内容应包括地形地貌、地质构造、新构造运动、地震、地层岩性、水文地质条件、人类工程活动。应在收集分析区域地质和前人已有勘查资料的基础上，对外围进行必要的核查。

（7）滑坡地质测绘应识别滑坡特征和滑坡要素，根据地形特征及地面裂缝分布规模等情况判定滑坡范围、主滑方向及主滑线。对于能够观察到的滑坡要素和异常地质现象，以及能反映滑坡基本特征的地质现象，应有地质观测点控制。

（8）滑坡地质测绘应从地形地貌、地层岩性、地质构造、地震、地下水等基本条件，降雨、地表水等自然因素，以及边坡开挖、堆填堆载、采石采矿等人为因素多方面对滑坡的成因、性质作出分析判断。

（9）滑坡地质测绘应从滑坡体上的微地貌特征、植物生长情况、建（构）筑物变形破坏情况、地面开裂位移情况等方面对滑坡的稳定性作出宏观分析判断。

（10）滑坡勘探应查明滑坡范围、滑体厚度、物质组成，滑面（带）的个数、形状、物质组成及厚度；查明滑体内含水层的个数、分布和地下水的流向、水力坡度、水位。

2.滑坡勘探方法适用条件

（1）钻探

钻探用于了解滑体结构，滑面（带）的深度、个数、地下水位及水量，观测深部位移，采集滑体、滑带及滑床岩、土、水样。

（2）槽探

槽探用于确定滑坡周界、后缘滑壁和前缘剪出口附近滑面的产状及裂隙延伸情况，有时也可用作现场大剪及大重度试验。

3.滑坡勘探工作相关规定

滑坡勘探工作应遵循先勘探主剖面后勘探辅助剖面的原则，并符合下列规定：

（1）滑坡主剖面应为控制性勘探剖面，每个滑坡应布置不少于1条控制性勘探剖面，每条控制性勘探剖面控制性孔数量宜为该剖面勘探点总数的1/2；其他剖面应有控制性孔。

（2）勘探线间距应视滑坡纵横向变化大小和防治工程等级而定，宜为20～80 m。当滑坡防治工程等级为一级、横向变化大时，取小值。如滑坡需要治理，勘探工作的布置应满足滑坡治理工程设计的需要。当需进行支挡时，应沿拟设支挡部位布设横勘探线；当需采取地下排水措施时，应在拟设排水构筑物位置增布勘探线。

（3）每条纵勘探线上的勘探点应不少于3个，纵勘探线上勘探点的间距宜为20～60 m。滑坡主勘探线宜取较小值，滑坡纵向变化大时，宜取较小值，滑坡前后部宜取较小值。纵勘探线上勘探点布置应考虑构成横勘探线的需要，剪出口难以确定或横勘探线可能作为支挡线时，横勘探线应适当加密勘探点。

4. 滑坡勘探深度要求

滑坡勘探深度的确定应符合下列规定：

（1）对岩质滑坡或最低滑面为岩土界面的土质滑坡，勘探深度应根据滑面的可能深度确定。控制性钻孔应进入最低滑面以下5～8 m。当滑坡有无深层滑面难以判断或滑体为碎裂岩时，控制性勘探点可予以加深，一般性钻孔进入最低滑面以下3～5 m。

（2）对于土层内部滑坡，控制性钻孔进入下伏基岩中等风化层1～3 m，土层滑坡勘探孔进入滑床的深度应大于土层中所见同类岩性最大块石直径的2倍。

（3）对于需要防治的滑坡，治理部位的勘探深度应满足防治工程设计的需要。拟设置抗滑桩地段的钻孔进入滑床的深度宜为孔位处滑体厚度的1/2，且不小于5 m。

（4）取样钻孔深度应满足取样的要求。

（5）探井深度应满足揭穿最低滑面并进行原位直剪试验的要求。

5. 滑坡勘探施工要求

滑坡勘探工程施工应满足下列要求：

（1）钻探宜采用单动双管工艺全采芯钻进，水文孔应采用滤水管护壁。钻孔终孔直径应满足采样和试验的要求，且不宜小于 110 mm。

（2）岩心采取率，土质滑坡滑体土应不小于 80%，岩质滑坡滑体应不小于 85%，滑带土应不小于 90%，滑床应不小于 85%。

（3）钻进过程中应观测记录钻进的难易程度及速度的变化，测量记录缩径、掉块、塌孔、卡钻、涌水、漏水及套管变形的位置。接近滑面（带）时，回次进尺应不大于 0.5 m。

（4）每一探井均应采集不同深度（每米 1 件）的土样以测定含水量、饱和度，绘制含水量随深度变化的曲线。

（5）观测记录钻前、下钻水位和地下水的初见水位、静止水位。

（6）应对钻孔或槽井中滑带土的物质组成、滑动面进行鉴定，测量滑面产状或倾角以及擦痕方向。

（7）采集相关样品或作相应试验。

（8）所有勘探工程终孔后都应填写终孔验收表。

（9）勘探结束后，应间隔一定时间统测地下水位。

（10）经验收合格的孔井，除用于监测外，均应按要求封闭。

6. 滑坡勘探编录要求

滑坡勘探编录应满足下列要求：

（1）按工程进度及时作地质编录。

（2）编录记录滑带、滑动面的位置、特征、产状，并拍摄岩芯照片。

（3）编录图以基线为准测量、现场绘制，探槽、探井展示图至少包括一壁一底，探硐展示图至少包括两壁一顶，钻孔绘制柱状图。

（4）编录图比例尺以能反映滑带特征为原则，宜为 1:50～1:100。

7. 岩样、土样采集

岩样采集位置应主要布置在滑坡可能支挡部位。每种岩性的岩样应不少于 3 组，抗剪强度试验的岩样应不少于 6 组，每组岩样应不少于 3 件。

土样采集位置应主要布置在滑坡主勘探线上。滑带土和滑体土数量均不宜少于6组，且应不少于勘探点总数的1/5。

4.4.3 泥石流勘查

1. 基本要求

对泥石流灾害的勘查一般通过收集资料和工程地质测绘，分析地形地貌、地层岩性、地质构造、水文气象、矿渣堆放量、汇水面积、降雨强度等方面的资料，判断灾害发生区及其上游的沟谷所具备的产生泥石流的条件，评价泥石流的类型、规模、发育阶段、活动规律、危害程度等，对采矿场地的稳定性作出评价，并提出预防和治理措施。

2. 勘查手段

对于泥石流易发区的勘查手段以工程地质测绘和调查为主，辅以适量的勘探测试工作，查明泥石流形成区、流通区和堆积区的地质环境特征及其威胁对象。

3. 主要工作

泥石流地质调查应进行下列工作：

（1）查阅区域地质图或现场调查流域内分布的地层及其岩性，尤其是易形成松散固体物质的第四系地层和软质岩层的分布与性质。

（2）查阅区域构造地质图或现场调查流域内断层的展布与性质、断层破碎带的性质与宽度、褶曲的分布及岩层产状，统计各种结构面的方位与频度。

（3）调查流域内不良地质体与松散固体物源的位置、储量和补给形式。

（4）调查地下水尤其是第四系潜水及其出露情况。

4. 地质测绘要求

泥石流区地质测绘应满足下列要求：

（1）地质填图所划分的单元在图上标注的尺寸最小为 2 mm。对小于 2 mm 的重要单元，采用扩大比例尺或符号的方法表示。在 1:500～1:2 000 的地形图上，可能存在修建拦挡工程和排导工程地段，其地质界线的地质点误差不超过 3 mm，其他地段不超过 5 mm。对于泥石流全域，当面积大于或等于 5 km^2 时，采用 1:2 000～1:5 000，当面积小于 5 km^2 时，采用 1:500～1:2 000。对于泥石流形成和堆积区，采用 1:200～1:500。

（2）对全流域及沟口以下可能受泥石流影响的地段，调绘与泥石流形成和活动有关的地质地貌要素。

（3）泥石流形成区地质测绘内容包括水源类型、汇水区面积和流量、斜坡坡角及斜坡的地质结构、松散堆积层的分布、植被情况，现在已成为或今后将成为泥石流固态物质来源的滑坡、崩塌、岩堆、弃渣、不稳定斜坡的体积。

（4）泥石流流通区地质测绘内容包括沟床纵横坡度及其变化点、沟床冲淤变化情况、跌水及急湾、两侧山坡坡度、松散物质分布、坡体稳定状况及已向泥石流供给固态物质的滑塌范围和变化状况、已有的泥石流残体特征，当有地下水出露点时，还包括地下水流量及与泥石流的补给关系。

（5）泥石流堆积区地质测绘内容包括堆积扇的地形特征、堆积扇体积，泥石流沟床的坡降和岩、土特征，堆积物的性质、组成成分和堆积旋回的结构、次数、厚度，一般粒径和最大粒径的分布规律，堆积历史，泥石流堆积体中溢出的地下水水质和流量，地面沟道位置和变迁、冲淤情况，堆积区遭受泥石流危害的范围和程度；对于黏性泥石流，还包括堆积体上的裂隙分布状况、泥石流前峰端与前方重要建（构）筑物的距离。

（6）选择代表性沟道，测量沟谷弯曲处泥石流爬高泥痕、狭窄处最高泥痕及较稳定沟道处泥痕；据泥痕高度及沟道断面，计算过流断面面积，据上、下断面泥痕点计算泥位纵坡。

5. 其他勘探内容

在测绘与调查工作的基础上，运用钻探、井探、槽探等勘探手段进一步查明以下内容：

（1）灾害堆积区堆积物的性质、结构、粒径大小和分布，分析泥石流的物质来源、搬运距离，泥石流发生的频率。

（2）在可能设置防治工程的地段，查明该地段各类岩土层的岩性、结构、厚度、分布及物理力学性质，为防治工程设计和施工提供相关资料。

6. 堆积物分析

堆积物的颗粒分析样品，考虑其含大颗粒的特点，每件样需 500 kg，且应在现场将≥2 cm 以上的颗粒在野外筛分，<2cm 的颗粒送实验室进行筛分。

7. 岩样采集

在泥石流勘查中,岩样采集应主要在可能设置支挡线的勘探点中进行。每种岩性的岩样应不少于 3 组,但抗剪强度试验的岩样应不少于 6 组,每组岩样应不少于 3 件。

4.4.4 不稳定斜坡勘查

1. 基本要求

(1) 不稳定斜坡勘查范围应包括不稳定斜坡可能失稳的范围和相邻的影响地段。

(2) 剥落型不稳定斜坡勘查应以地质测绘与调查为主,辅以槽探及井探,必要时可采用钻探;溜滑型不稳定斜坡勘查宜采用钻探、槽探,并结合地质测绘与调查;滑移型不稳定斜坡勘查应采用地质测绘与调查、钻探、井探、槽探,必要时可采用物探。

(3) 不稳定斜坡勘查应根据岩土体类型及破坏模式的不同对斜坡进行分区。

(4) 不稳定斜坡勘查时:对于岩质斜坡,应着重查明风化带厚度、岩体完整性、岩体中各种结构面的组合,尤其是软弱结构面的分布及性状;对于土质斜坡,应着重查明土层的物质结构、成因、分布及厚度,土层下伏基岩面的形态及性状,地下水的分布与特征;岩土组合斜坡勘查除应同时满足对土质斜坡和岩质斜坡的要求之外,还应着重查明岩土界面特征及临空状态。

2. 不稳定斜坡地质测绘与调查测绘要求

不稳定斜坡地质测绘与调查的平面图比例尺宜采用 1:500 ~ 1:2 000,剖面图比例尺宜采用 1:200 ~ 1:1 000,可根据剖面长度选定。剖面图长度应能控制测绘调查区。

3. 测绘与调查内容

不稳定斜坡地质测绘与调查应包括下列内容:

(1) 地质环境调查,包括地形地貌、地层岩性、地质构造、新构造运动、地震、水文地质条件。应在收集分析区域地质和前人已有勘查资料的基础上,对周边斜坡稳定坡角、坡高、斜坡形态等进行调查。

(2) 斜坡特征调查,包括斜坡外形特征(斜坡形态、类型、坡高、坡长、坡宽、坡度、坡向）、结构特征（地层岩性及产状、风化情况、断裂、节理、裂隙发育特征、软弱夹层岩性特征及产状、土层岩性、厚度）、地层倾向与斜坡坡向的组合关系。

（3）变形特征调查，包括局部溜滑情况、剥落掉块、建（构）筑物变形破坏情况、地面开裂位移情况及井泉动态变化以及能够观察到的异常地质现象。

（4）人类工程活动调查，包括边坡开挖、堆填堆载、采石采矿、水库渠道渗漏。

4.5 勘探与试验

4.5.1 基本要求

（1）在工程地质测绘、调查的基础上，沿拟建工程主轴方向布设勘探线，勘探线长度应超过其两端 10～20 m。勘探线及勘探孔的布设应有利于查明工程地质特征。以纵勘探线的勘探孔（点）为基础，根据实际情况布设适量横勘探线。

（2）用合理的试验、验算方法确定工程部位的岩、土物理力学指标。

（3）根据地质环境条件和需查明的工程问题，勘查手段以采用工程地质测绘与调查、坑探、井探、槽探等形式为主。对于规模较大的挡墙工程，可采用钻探，并辅以必要的硐探。

（4）控制性勘探线上勘探点数量不得少于 3 个，勘探点间距依据规模和稳定性计算要求确定，应不大于 40 m。当大于 40 m 时，应适当加密勘探点。控制性勘探线长度应不小于矿山地质环境问题影响范围。对于工程防治设施的地段，尚应按相应结构的要求布设勘探点。

（5）各纵、横勘探线上的勘探孔应进入稳定岩土层一定深度，以满足拟建治理工程的需要。崩塌勘探，钻孔深度宜钻至崩塌体以下 5 m；滑坡体勘探，钻孔深度应进入稳定岩土层 3～5 m；泥石流勘探，钻孔深度应揭穿松散体厚度，进入下伏基岩不小于 5 m。

4.5.2 钻探

1. 勘探钻孔的目的

全面掌握地质灾害体或拟设计工程基础所处的空间位置、埋藏深度、岩性、地质构造、裂隙、裂缝、破碎带、蚀变带、岩溶、滑带、软弱夹层、地下水位、含水层、隔水层和水漏失程度等。

2. 钻孔结构

为充分了解岩土体物理力学特征，钻孔口径不小于 110 mm，必要时采用 130 mm、150 mm 口径。

3. 取芯要求

（1）对于重点取芯地段（如破碎带、滑带、软夹层、断层等），应限制回次进尺，每次进尺不允许超过 0.3m，并提出专门的取芯和取样要求，看钻地质员跟班取芯、取样。

（2）松散地层潜水位以上孔段，应尽量采用干钻；在沙层、卵砾石层、硬脆碎地层、松散地层，以及滑带、重要层位和破碎带等，应采用提高岩芯采取率的钻进及取样工艺。

（3）岩芯采取率要求：黏性土 $\geqslant 90\%$，沙类土 $\geqslant 80\%$，碎石类土 $\geqslant 50\%$，破碎岩层 $\geqslant 65\%$，完整基岩 $\geqslant 80\%$。

4. 孔深误差及分层精度要求

（1）下列情况均需校正孔深：主要裂缝、软夹层、滑带、溶洞、断层、涌水处、漏浆处、换径处、下管前和终孔时。

（2）终孔后测量孔深，孔深最大允许误差不得大于 1‰。在允许误差范围内可不修正，若超过误差范围，要重新丈量孔深并及时修正报表。

（3）钻进深度和岩土分层深度的测量精度，应不低于 ±5 cm。

（4）应严格控制非连续取芯钻进的回次进尺，使分层精度符合要求。

5. 孔斜误差要求

（1）每钻进 50 m、换径后 3~5 m、出现孔斜征兆时、终孔后，均需测量孔斜。

（2）顶角最大允许弯曲度，每百米孔深内不得超过 2°。

6. 岩芯摆放及保留岩芯要求

（1）勘探现场岩芯必须装入分格式岩芯箱（岩芯箱必须按一米一格、五格一箱统一定制），按其在钻孔中的实际位置摆放整齐，无岩芯孔段应空出。按回次填写并贴好岩芯标签，注明层次编号、岩层名称、起止深度。不同岩层岩芯分界处，填写分层标签，注明变层深度。标签必须清晰、整洁，并作防水处理。

（2）所有钻孔岩芯均应作好标识后分箱照相（每一岩芯箱拍一张数码照片，相机需 500 万像素以上，现场应保证成像质量），并对照片进行编号，以备地质人员检查核对，钻探完工后，照片随钻孔资料一并提交。拍照前，岩芯应标明孔号、孔位、所属工点名称、起止深度、分层深度、终孔深度等，并保证上述信息在照片中清晰可辨且不遮挡岩芯。拍照时，应将所取各岩、土样置于岩芯箱中相应原位，以便于核对。

（3）勘查报告验收前，各孔全部岩芯均要保留。勘查报告验收后，按专家组意见，对代表性钻孔及重要钻孔，应全孔保留岩芯；其他钻孔岩芯，可分层缩样存留；对于有意义的岩芯，应揭片留样。治理工程竣工验收后，可不予保留。

7. 岩芯的地质描述

岩芯的地质描述参照《建筑工程地质勘探与取样技术规程》（JGJ/T 87—2012）。

8. 钻孔地质编录

钻孔地质编录是最基本的第一手勘查成果资料，应由看钻地质员承担。必须在现场真实、及时和按钻进回次逐次记录，不得将若干回次合并记录，更不允许事后追记。

编录时，要注意回次进尺和残留岩芯的分配，以免人为划错层位。

在完整或较完整的地段，可分层计算岩芯采取率；对于断层、破碎带、裂缝、滑带和软夹层等，应单独计算。

钻孔地质编录应按统一的表格进行记录，其内容一般包括日期、班次、回次孔深（回次编号、起始孔深、回次进尺）、岩芯（长度、残留、采取率）、岩芯编号、分层孔深及分层采取率、地质描述、标志面与轴心线夹角、标本取样号码位置和长度、备注等。

9. 钻探成果

钻孔终孔后，应及时对钻孔资料进行整理并提交该孔钻探成果，包括钻孔设计书、钻孔柱状图、岩芯数码照片、简易水文地质观测记录、取样送样单、钻孔地质小结等。

柱状图的比例尺，以能清楚表示该孔的主要地质现象为准，一般为1:100～1:200。对于岩性简单或单一的大厚岩层，可以用缩减法断开表示。柱状图图名处应标示勘探线号、孔号、开孔日期、终孔日期、孔口坐标、钻孔倾角及方位。柱状图底部应标示责任签。柱状图包括下列栏目：回次进尺、换层深度、层位、柱状图（包括地层岩性及地质符号、花纹、钻孔结构）、标志面与轴心线夹角、岩芯描述、岩芯采取率、取样位置及编号、地下水位和备注等。

4.5.3 槽探、井探、硐探

1. 槽探、井探、硐探工程的目的和适宜性

槽探是在地表开挖的长槽形工程，深度一般不超过 3 m，多半不加支护。探槽用于剥除浮土揭示露头，多垂直于岩层走向布设，以期在较短距离内揭示更多的地层。探槽常用于追索构造线、断层、滑体边界、地层岩性，揭示地层露头，了解堆积层厚度等。

垂直向地下开掘的小断面的探井，深度小于 15 m 者称为浅井，大于 15 m 者称为竖井。浅井、竖井均需进行严格的支护。井探适用于厚度为浅层、中层的滑坡，用于自上而下全断面探查，达到连续观察研究滑体、滑带、滑床岩土组成与结构特征的目的，同时满足进行不扰动样采样、现场原位试验和变形监测的需要。

近水平或倾斜开掘的探硐，一般断面为 1.8 m×2 m，应进行严格的支护或永久性支护（注意留观察窗口），适用于滑体厚度为中层以上的滑坡。除达到连续观察研究滑体、滑带、滑床以及用于取样、现场原位试验和现场监测的目的外，还可兼顾用于滑坡排水等工程。

2. 井探、硐探工程设计

采用井探、硐探工程时，需编制专门的井探、硐探工程勘查设计或在总体勘查设计中列入专门章节。

井探、平（斜）硐探工程应布置在主勘探线上，平（斜）硐方向应与主勘探剖面方向一致，一般宜布设于滑体底部，深度应进入不动体基岩 3 m，亦可在滑体不同高程上布设。

3. 井探、平（斜）硐探的地质工作

（1）地质编录的内容

①揭露的岩土体名称、颜色、岩性、结构、层面特征、层厚、接触关系、层序、地质时代、成因类型、产状。放大比例尺，对软弱夹层进行素描，并注意其延伸性及稳定性。

②岩石风化特征及风化带卸荷带的划分，注意风化与裂隙裂缝的关系。

③断层及断层破碎带：产状、规模、断距、断层形态与展布特征、破碎带的宽度、两盘岩性、断层性质等。

④裂缝、裂隙：逐条描绘裂缝及贯穿性较好的节理，记录其性质、壁面特征、成因、裂缝张开闭合情况、充填情况、连通情况、相互切割关系、错动变形情况、渗漏水情况。

⑤地质灾害变形带作为描述的重点，应放大表示。描述其厚度、岩性、物质组成、构造岩、产状及展布特征、含水情况、近期变形特征及挤压碎裂和擦痕，其底部不动体的岩性特征、构造面、风化特征。

⑥水文地质现象：注意滴水点、渗水点、涌水点、连通试验出水点、临时出水点，注意其产出位置、水量，与裂缝、裂隙、岩溶及老窿水的关系，水量与降雨的关系。

⑦记录各种试验点、物探点、长观点、取样点、拍照点、监测点的位置、作用、层位、岩性及有关的地质情况。

（2）槽探、井探、硐探工程地质素描图的有关规定

①比例尺一般采用 1:20～1:100。

②探槽的素描，应沿其长壁及槽底进行，绘制四壁一底的展示图。为了便于在平面图上应用，槽底长度可用水平投影，槽壁可按实际长度和坡度绘

制，也可采用壁与底平行展开法绘制。

③浅井、竖井的素描、展示图至少作两壁一底，并注明壁的方位。圆井展示图以90°等分分开，取相邻两壁平列展开绘制，斜井展示图需注明其斜度。

④平硐的素描，其展示图一般绘制硐顶和两壁。其展开格式为以硐顶为准，两壁上掀的俯视展开式。若地质条件复杂，应视需要加绘底板。当硐向改变时，需注示转折前进方向，硐顶连续绘制，两壁转折时凸出侧呈三角形撕裂岔口状。硐深的计算以硐顶中心线为准。硐顶坡度一般用高差曲线表示。

⑤开挖过程中的编录。开挖掘进过程中，及时记录掘进中遇到的现象，尤其是裂缝、滑带、出水点、水量、顶底板变形情况（底鼓、片帮、下沉等）。一般要求每5 m绘制一幅掌子面素描图。对于围岩失稳而必须支护的地段，应及早进行拍照、录像、采样及埋设监测仪器，必要时在支护段应预留窗口。施工完成后，条件允许时应对硐壁进行冲洗，然后进行详细的地质素描。

（3）取样及现场原位试验

槽探、井探、硐探工程中一项重要的工作是采取原状试样，应按勘查试验的有关规定和设计要求进行取样。对于现场原位试验，视需要进行试验硐段的地质素描和试件的地质素描及试验后的试件素描。对井探、硐探工程进行照相或录像。

4. 槽探、井探、硐探工程应提交的成果

槽探、井探、硐探工程应提交地质素描图、重要地段施工记录（支护、变形情况、通风措施、地下水排水措施等）、照片集、录像、取样送样单、各种点位记录、工程勘查小结等。

5. 探井、探硐的保护与封闭

对于竣工的探井、探硐，宜综合使用，可用于现场原位试验、取样、地下水观测、滑坡变形监测、排放地下水及施工等，需妥善保护。对于不使用的，则予以切实封闭，不留隐患。

4.5.4 岩土样现场检验、封存及运输

钻孔取土器提出地面之后，应小心地将土试样连同容器（衬管）卸下，并应符合下列规定：

（1）钻孔取土器提出地面之后，卸下螺钉后可立即取下取样管。

（2）对于丝扣连接的取样管、回转型取土器，应采用链钳、自由钳或专用扳手卸开，不得使用管钳等易于使土样受挤压或使取样管受损的工具。

（3）当采用外管非半合管的带衬管取土器时，应将衬管与土样从外管推出，并应事先将土样削至略低于衬管边缘，推土时，土样不得受压。

（4）对各种活塞取土器，卸下取样管之前应打开活塞气孔，消除真空。

对于钻孔中采取的Ⅰ级原状土试样，应在现场测定取样回收率。取样回收率大于1或小于0.95时，应检查尺寸测量是否有误、土样是否受压，并应根据实际情况决定土样废弃或降低级别使用。

采取的土样应密封，密封可选用下列方法：

（1）方法一：当从钻孔取土器中取出土样时，先将上下两端各去掉约20 mm，再加上一块与土样截面面积相当的不透水圆片，然后浇灌蜡液，至与容器端齐平，待蜡液凝固后扣上胶皮或塑料保护帽。

（2）方法二：取出土样，用适合的盒盖将两端盖严后，将所有接缝采用纱布条蜡封封口。

（3）方法三：采用方法一密封后，再用方法二密封。

对于软质岩石试样，应采用纱布条蜡封或黏胶带立即密封。

每个岩土试样密封后均应填贴标签，标签上下应与土试样上下一致，并应牢固地粘贴在容器外壁上。土样标签应记载下列内容：

（1）工程名称或编号。

（2）孔（井、槽、洞）号、岩土样编号、取样深度、岩土试样名称、颜色和状态。

（3）取样日期。

（4）取样人姓名。

（5）取土器型号、取样方法、回收率等。

试样标签记载应与现场钻探记录相符。取样的取土器型号、取样方法、回收率等应在现场记录中详细记载。

采样的岩土试样密封后应置于温度及湿度变化小的环境中，不得暴晒或受冻。土试样应直立放置，严禁倒放或平放。

运输岩土试样时，应采用专用的土样箱包装，试样之间应用柔软缓冲材料填实。

对于易于振动液化、水分离析的沙土试样，宜在现场或就近试验，并可采用冰冻法保存运输。

岩土试样采取之后至开土试验之间的贮存时间，不宜超过两周。

4.5.5 室内试验

室内试验项目包括岩土的物理性质和力学性质，岩土的颗粒成分、矿物成分、化学成分和微观结构特征，地下水和地表水的化学成分，混凝土的侵蚀性和钢结构的腐蚀性。

室内试验应符合《工程岩体试验方法标准》（GB/T 50266—2013）、《土工试验方法标准》（GB/T 50123—2019）及有关规程标准。

4.5.6 测试结果统计

岩土性质指标测试值应根据概率理论进行统计。统计前应根据岩土的性质差异划分不同的统计单元，并根据采样方法、测试方法及其他影响因素对测试结果的可靠性和适用性作出评价。

岩土性质指标测试值统计结果应包括范围值、算术平均值、标准差、变异系数及标准值。其统计要求应符合《岩土工程勘察规范》（GB 50021—2001）的有关规定。

抗剪试验和三轴压缩试验成果可按摩尔理论或库仑理论的图解法计算，用最小二乘法进行成果的分析整理。

4.6 土地资源破坏调查

结合土地规划和现状调查资料，查明区内的土地类型及权属，查明因采矿引起的土地资源占压与破坏的类型、范围、面积、损毁程度等，结合治理方案提出治理措施。

土地资源破坏调查应包括以下内容：

（1）矿山开采形成的采场面积及对土地资源的影响程度调查。

（2）废石堆场占压的土地面积及对土地资源的影响程度调查。

（3）矿区因采矿修建的建（构）筑物及道路等占压土地资源的情况调查。

（4）调查治理区的土壤质量，评价土壤对植物的适宜性。

4.7 土壤调查

4.7.1 土壤调查试验内容

调查分析治理区内土壤的 pH、含盐量、有机质、质地和入渗率 5 项指标。

4.7.2 土壤样品采集技术要求

（1）采样单元尽可能优先采用分区布点方法进行布设，每个采样点的土壤要尽可能均匀一致。

（2）在完成土壤样品采集点位平面布设后，进行点位纵向布设。土壤纵向结构一般可分为表层土壤（0～0.2 m）、浅层土壤（0.2～0.6 m）和深层土壤（0.6 m 以上）。

（3）要保证足够的采样点，使之能代表采样单元的土壤特性。

（4）采样点的定位一般采用 GPS 定位。

（5）一个土样以取土 1 kg 左右为宜。

（6）采集的样品放入统一的样品袋中，然后再用一个塑料袋套上，填好标签。

4.8 植被调查

4.8.1 植被调查内容

调查治理区周边的植被类型（乔木林、灌木林、草地、风景林、水源涵养林）、物种、覆盖率、高度、郁闭度等。

4.8.2 植被调查方法

根据《环境影响评价技术导则 生态影响》（HJ 19—2022）的相关要求，植被现状调查在收集相关资料的基础上，进行现场踏勘。现场调查以不同的植被群落类型为单元，在治理区周边布设样方，调查各植物物种种类、株数、高度、多度、盖度等群落特征，以及评价范围内重点保护和珍稀野生植物的种类数量、分布位置。

样方的布设要反映周边植物群系的变化，控制矿山复绿工程的立地条件或群落结构变化。各类样方不少于 2～3 个。

样方的尺寸：乔木样方 10 m×10 m，灌木林样方 5 m×5 m，草本样方 1 m×1 m 为宜。草本样方可选在乔木样方、灌木样方边缘，同时进行测量。

用 GPS 测定样方中心点坐标，记录植被样方调查位置。

调查乔木的种属、胸径、高度、郁闭度。调查灌木的种类、高度、盖度。调查草地种类、高度、盖度等。

4.9 施工条件调查

4.9.1 道路交通设施

调查治理区对外的交通状况及治理区内田间道路类型、数量、分布和质量状况，分析现有设施对工程布置的影响和要求。

4.9.2 水源及灌溉设施

调查周边可利用水源的位置、水质、水量，灌排骨干设施类型、数量、分布、质量和运行情况，分析现有设施对工程布置的影响和要求。

4.9.3 电力设施

调查相关变电站位置、规模和容量及相关配电、用电设备位置、数量、容量、功率、分布及运营方式，分析现有设施对工程布置的影响和要求。

4.9.4 建筑材料

对治理工程所需的建筑材料分布,如沙、砾石、块石、毛石等的质量和储量进行踏勘和评估。当天然骨料缺乏或质量不符合工程要求时,须对人工料源、钢筋、水泥等进行初查,查明运输条件和价格等信息。

4.9.5 治理区周边土源调查

调查治理区及周边一定范围内可供覆土用的土源分布、储量、质量等,调查其开挖条件和运输条件,评价其适用性以及开挖后对周边地质环境的影响。

4.10 勘查成果分析与评价

4.10.1 一般要求

(1) 对于勘查报告所依据的原始资料,应进行整理、检查、分析,确认无误后方可使用。

(2) 勘查报告应资料完整、真实准确、数据无误、图表清晰、结论有据、建议合理、便于使用和适宜长期保存,并应因地制宜、重点突出、有明确的工程针对性。

(3) 勘查报告的文字、术语、代号、符号、数字、计量单位、标点,均要符合国家有关标准的规定。

(4) 勘查委托书、勘查合同、经审查通过的勘查设计书、勘查单位初审意见及影像资料,应作为附件随报告提交。

4.10.2 岩土参数计算与选取

一般岩土参数应根据工程特点和地质条件结合类似工程经验进行选用,并按下列内容评价其可靠性和适用性:

(1) 取样方法和其他因素对试验结果的影响。

(2) 采用的试验方法和取值标准。

(3) 不同测试方法所得结果的分析比较。

（4）测试结果的离散程度。

（5）测试方法与计算模型的配套性。

4.10.3 分析与评价

勘查结果分析与评价应在工程地质测绘、勘探、测试和收集已有资料的基础上，结合工程特点和要求进行。各类工程、不良地质作用和地质灾害以及各种特殊性岩土的分析评价应符合《岩土工程勘察规范》（GB 50021—2001）的规定。

勘查结果分析评价应符合下列要求：

（1）充分了解工程结构的类型、特点、荷载情况和变形控制要求。

（2）掌握勘查场地的地质背景，考虑岩土材料的不均质性、各向异性和随时间变化的情况，评估岩土参数的不确定性，确定其最佳估值。

（3）充分考虑当地经验和类似的工程经验。

（4）对于理论依据不足、实践经验不多的岩土工程问题，可通过现场模型试验取得实测数据进行分析评价。

勘查成果分析评价应在定性分析的基础上进行定量分析。岩土体的变形、强度和稳定，应作定量分析；场地的适宜性、场地地质条件的稳定性，可仅作定性分析。

4.11 成果编制

4.11.1 勘查报告

编写提纲及附图、附件、附表，编制要求如下。

矿山生态修复勘查报告编制提纲

1 前言

1.1 任务由来

简述项目来源、项目地点、委托单位、委托时间等。

1.2 勘查目的、任务

简述本次勘查工作的主要目的和需完成的主要任务。

1.3 勘查工作依据

简述勘查工作参照的技术依据及其他依据。

1.4 勘查工作概况及工作质量评述

叙述本次勘查完成时间、完成工作量、完成质量情况、效果评述等。

2 自然地理与地质环境条件

2.1 自然地理条件

简要介绍矿山所在行政区域、地理坐标、交通概况（附交通位置图），矿区气象水文、地形地貌、土壤植被以及社会经济发展水平等，矿山所在地社会发展规划、工农业生产概况等。

2.2 地质环境条件

介绍矿山地层岩性、地质构造、工程地质、水文地质及周边人类活动等情况。

3 矿区地质环境现状及地质环境问题

3.1 矿山地质环境现状

介绍由于矿山开采所形成的掌子面、平台、残山、岩墙、采坑、渣料堆、矿区道路、废弃建筑物等的位置、形态、参数。

3.2 矿山地质环境问题分析

矿山生态环境问题、土地占压与损毁、土石料的调查。

评估的主要内容如下：

①根据勘查结果，对地质灾害的情况进行定性和定量的评估。分析评估区内现存的地质灾害类型、规模、发生时间、表现特征、分布、诱发因素、危害对象与危害程度；分析与相邻矿山采矿活动的相互影响特征与程度；按《地质灾害危险性评估规范》（GB/T 40112—2021）进行地质灾害危险性评估。如露天采场崩塌灾害是局部发育还是普遍存在，对其成因进行分析。

②分析评估区内现存的地形地貌景观、地质遗迹、人文景观等的影响和破坏情况。

③分析评估由采矿活动导致的对地下含水层的影响或破坏情况，包括含水层结构破坏、含水层疏干、地下水水位下降、泉水流量减少、地下水位降落漏斗的分布范围、地下水水质变化、地下含水层破坏对生产生活用水水源的影响等。

④分析评估区内土地资源的损毁情况，包括损毁的土地类型及面积、损毁程度等。

4 岩土体物理力学分析及参数取值

叙述治理区的岩土条件及物理力学性质等内容，根据室内试验，确定岩土层的承载力特征值、裸露坡面治理工程设计坡度。

5 工程施工条件

简述工程施工的道路条件、水源条件、土源条件、电力设施、建筑材料等情况。

6 修复治理方案建议

根据勘查结论，针对矿山开采对环境的破坏进行初步分析，提出修复治理方案的建议，为后续设计提供依据，包括方案选择的原则、方案建议与比选。

7 结论与建议

7.1 结论

7.2 建议

附图：

实际材料图（1:500～1:2 000）

矿山地质环境现状图（1:500～1:2 000）

工程地质图（1:500～1:2 000）

坡度分区图（1:500～1:2 000）

工程地质剖面图（1:500～1:1 000）

附件：

钻孔柱状图册（1:100）

井、槽、硐探成果展示图册（1:50）

试验成果报告册（岩、土、水室内试验成果和野外试验成果）

照片与影像集

原位测试报告

其他

附表：

地貌点调查记录表

项目名称：　　　　　　　　　　　　　调查日期：＿＿＿＿

统一编号		野外编号		地面高程/m	
X		Y			
经度	°　　′　　″	纬度	°　　′　　″		
地理位置	县	乡（镇）	村	方向	米

内容描述：

素描图或剖面图　　　　　　　　　　　　　平面位置图

　　　　　　　　　　　　　　　　　　　　　照片编号：

沿途描述：

调查人：＿＿＿＿＿＿　　　记录人：＿＿＿＿＿＿　　　检查人：＿＿＿＿＿＿

地质点调查记录表

项目名称：　　　　　　　　　　调查日期：＿＿＿＿

统一编号		野外编号		地面高程 /m	
X		Y			
经度	° ′ ″	纬度	° ′ ″		
地理位置	县	乡（镇）	村	方向	米

内容描述：

素描图或剖面图	平面位置图
	照片编号：

沿途描述：

调查人：＿＿＿＿＿＿＿　　　　记录人：＿＿＿＿＿＿＿　　　　检查人：＿＿＿＿＿＿＿

机民井调查记录表

项目名称： 调查日期：____

统一编号				野外编号			地面高程/m	
X				Y				
经度	° ′ ″			纬度	° ′ ″			
地理位置	县		乡（镇）	村		方向		米

深度/m	厚度/m	水井剖面图 1:	岩性描述	井台高度		m	井深	m
				水位埋深	静	m	井口直径	mm
					动	m	井底直径	mm
				水位标高		m	井壁材料	
				井的类型			成井时间	
				含水层特征	取水层位			
					地下水类型			
					含水层岩性			
				涌水量				m³/h
				汲水设备				
				主要用途				
				水体特征				
				水温/°C			气温/°C	
				色	味	嗅	pH	透明度
				Eh/mV	溶解氧/(mg/L)	电导率/(μS/cm)	TDS/(mg/L)	浊度
				取样情况：				
				平面位置图				

备注：

调查人：_____ 记录人：_____ 检查人：_____

第4章　矿山生态修复勘查

钻孔岩心原始记录表

第　页　共　页

钻孔编号：

回次编号	回次进尺/m		岩心长/m	采取率/%	分层情况			样品采集情况	备注
	自	至			深度/m	厚度/m	岩性描述		

日期：　年　月　日

编录人：　　　　　检查人：　　　　　日期：　年　月　日

实测地质剖面记录表

矿区名称：_____
起点坐标 X：　　　　Y：　　　　Z：

第　页 / 共　页

导线号	导线					累计		产状 倾向/倾角 (α)	导线与走向间夹角 (γ)	真厚度 (D)	分层		地质描述	样品编号/位置	备注
	方位角 /(°)	斜距 (L)	坡角 ± (β)	平距 (M)	高差 /m	平距 /m	高差 ± (h)				代号	厚度 /m			
1	2	3	4	5	6	7	8	9	10	11	12	13	14	15	16

注：$M = L \times \cos\beta$；$h = L \times \sin\beta$；$D = L \times (\sin\alpha \times \cos\beta \times \sin\gamma \pm \cos\alpha \times \sin\beta)$。式中，岩层倾向与地形坡向相反时，用"+"号，反之，用"-"号。

编录人：　　　　　　日期：　年　月　日　　　　检查人：　　　　　　日期：　年　月　日

工程地质调查样品采集记录表

项目名称：_____
钻孔编号：_____　　　钻孔位置：_____

序号	样品类别	取样深度 /m	样品野外编号	取样时间	备注

取样人：　　　　　　记录人：　　　　　　日期：　　　　　　　　第　页共　页

井（槽）编录表

项目名称：_____

位　　置：_____

开工日期：_____　竣工日期：_____

中心坐标：X=_____　Y=_____　地面高程：_____

井（槽）口尺寸	
井（槽）底尺寸	
井（槽）深度	

1. 井（槽）展示图（标明侧壁方向及比例尺）
2. 岩性描述：参照《岩土工程勘察规范》(GB 50021—2001)
3. 取样情况

备注	

记录人：_____　　检查人：_____　　　　　　年　月　日

4.11.2 ××区域（标段）各矿山生态修复工程勘查汇总说明

以区域或标段为单位，对各矿山的情况进行汇总说明，主要内容包括区域或标段的位置交通、地质环境背景、矿区总面积、勘查工作量、勘查费用。"××区域（标段）各矿山生态修复工程勘查情况汇总表"见表4-2。

表4-2 ××区域（标段）各矿山生态修复工程勘查情况汇总表

序号	矿山名称	矿山位置	坐标	矿区面积/km²	勘查工作量	勘查费用

第 5 章　露天矿山生态修复技术方法

5.1 地质灾害治理技术

5.1.1 清理危岩

露天矿山经多年开采，山体破损严重，形成形状、高度多种多样的边坡。受矿山开采爆破震动影响，以及多年雨、雪、风等侵蚀，边坡大多存在浮石，节理裂隙较发育，并呈现不同程度的风化现象。个别边坡还存在断层、软弱夹层等不良工程地质条件。边坡产状与岩层产状一致呈顺层现象，形成大小、规模不一的危岩体，从而产生崩塌、滑坡等地质灾害，威胁过往人员及车辆安全。

根据危岩体的自然条件与环境状况、规模、特征以及安全作业可靠性等，可以选择多种清理方式，一般可分为人工清理、机械化排险、火药爆破、静态爆破等技术。

1. 人工清理

人工清理是指人工手持风镐及其他多种器具对危岩体进行破碎凿除，适用于规模较小的危岩体。在吊绳高空作业清理边坡浮石时，施工人员需要拴好安全带、戴好安全帽，随绳慢下，脚踩在坚硬牢靠的部位，用随身携带的撬杠等工具，对松动岩石块进行清理，避免石块高空坠落伤人。

2. 机械化排险

高陡边坡危石处理往往局限于机械的作业距离，传统的挖掘机破碎锤钎杆较短，不能完成作业，只能采用人工的方式消除边坡松散危石，这样就大大增加了风险。

根据矿山治理清危排险工程的特定需求,对传统挖掘机破碎锤进行改良,采用"一体式加长钎杆""插入式加长钎杆""排险清危杆"等机械化排险技术,增加施工作业距离,保证施工安全,提高工作效率。

3. 火药爆破

火药爆破即采用钻孔或人工开挖成碉,用雷管炸药等火工材料爆破清除危岩的方法。该方法清除速度快,但受爆破器材审批、保管、使用、外部环境等条件影响大。爆破作业的步骤是:在要爆破的介质钻出的炮孔或开挖的药室抑或其表面敷设炸药,放入起爆雷管,然后引爆。根据药包形状和装药方式的不同,爆破方法主要分为三大类。

(1)炮孔法:在介质内部钻出各种孔径的炮孔,经装药、放入起爆雷管、堵塞孔口、连线等工序起爆的,统称为炮孔法爆破。如用手持式风钻钻孔的,孔径在 50 mm 以下、孔深在 4 m 以下的为浅孔爆破;孔径和孔深大于上述数值的为深孔爆破;在孔底或其他部位事先用少量炸药扩出一个或多个药壶形的为药壶法爆破。炮孔法是岩土爆破技术的基本形式。

(2)药室法:在山体内开挖坑道、药室,装入大量炸药的爆破方法,统称为药室法。因在每个药室里装入的炸药可以多达千吨,因此用此方法一次能爆下的土石方数量几乎是不受限制的。药室法爆破能有效地缩短工期、节省劳动力,需用的机械设备少,并且不受季节和地方条件的限制。

(3)裸露药包法:不需钻孔,直接将炸药包贴放在被爆物体表面进行爆破的方法,称为裸露药包法。它在清扫地基的破碎大孤石和对爆下的大块石作二次爆破等方面,具有独特作用,是常用的爆破方法。

在上述三种爆破方法的基础上,根据各种工程目的和要求,采取不同的药包布置形式和起爆方法,形成了许多各具特色的现代爆破技术,主要有以下几种。

(1)微差爆破

微差爆破又称毫秒爆破,是一种延期时间间隔为几毫秒到几十毫秒的延期爆破。通过不同时差组成的爆破网络,一次起爆后,可以按设计要求顺序使各炮孔内的药包依次起爆。由于前后相邻段炮孔爆破时间间隔极短,使得各炮孔爆破产生的能量场相互影响,既可以提高爆破效果,又可以减少爆破地震效应、冲击波和飞石的危害。

微差爆破的特点是各药包的起爆时间相差很短,被爆破的岩块在移动过程中互相撞击,形成极其复杂的能量再分配,使岩石破碎均匀,缩短抛掷距离,减弱地震波和空气冲击波的强度;既可改善爆破质量,不致砸坏附近的设施,又能提高作业机械的使用效率,有较大的经济效益。

(2)光面爆破和预裂爆破

光面爆破和预裂爆破均采用轮廓控制爆破技术,可以保证保留岩体按设计轮廓面成形并防止围岩被破坏。光面爆破是先爆除主体开挖部位的岩体,然后再起爆布置在设计轮廓线上的周边孔药包,将光爆层炸除,形成一个平整的开挖面;预裂爆破是首先起爆布置在设计轮廓线上的预裂爆破孔药包,形成一条沿设计轮廓线贯穿的裂缝,再在该裂缝的屏蔽下进行主体开挖部位的爆破,将开挖区与保留区的岩体分开,保证保留岩体免遭破坏。光面爆破和预裂爆破均能使露天边坡的开挖面光滑、平整,减少超挖、欠挖,以保持边坡和围岩的稳定性,从而提高爆破工程施工质量。

4. 静态爆破

静态爆破技术亦称为静态破石技术、无声膨胀技术或无声破碎技术,在岩石开挖和高边坡修整等工程领域得到了广泛应用。虽然静态爆破技术并不属于"爆破"范畴,但是由于其能够在特别苛刻的环境下破碎混凝土、拆除基础、清除危岩,因此可以作为拆除爆破的一项重要补充技术。静态爆破施工中无飞石、无震动,不污染环境,安全可靠,操作简单,储藏运输方便,膨胀力大,能满足不同物体的爆破需求,爆破效果可控性好。

5.1.2 削坡降段

露天开采矿山由于开采活动多形成不稳定边坡、陡崖,容易发生崩塌、滑坡等地质灾害,削坡降段可以将陡倾的边坡上部岩体挖除,使边坡变缓,同时也可使边坡重量减轻,达到稳定边坡的目的。

根据《建筑边坡工程技术规范》(GB 50330—2013),采用坡率法对边坡进行削坡降段。坡率法是指控制边坡高度和坡度,无须对边坡整体进行支护而自身稳定的一种人工放坡设计方法。坡率法是一种比较经济、施工方便的边坡治理方法，对于有条件的且地质条件不复杂的场地宜优先使用坡率法。

对于相邻建（构）筑物有不利影响、地下水发育、软弱土层稳定性差、坡体内有外倾软弱结构面或深层滑动以及地质条件复杂、破坏后果很严重的边坡治理工程，单独采用坡率法时可靠性低，不能有效改善整体稳定性，此时不应单独使用，应与其他边坡支护方法联合使用。可采用坡率法（或边坡上段采用坡率法）提高边坡稳定性、降低边坡下滑力后，再采用锚杆挡墙等支护结构，控制边坡的稳定，确保达到安全可靠的效果。对于填方边坡，可在填料中增加加筋材料，提高边坡的稳定性，或加大放坡的坡度，以保证边坡的稳定性。对于高度较大的边坡，应分级开挖放坡，分级放坡时应验算边坡整体和各级的稳定性。

采用坡率法作削坡降段的边坡，原则上都应进行稳定性计算和评价，但对于工程地质及水文地质条件简单的土质边坡和整体无外倾结构面的岩质边坡，在有成熟的地区经验时，可参照地区经验或根据表 5-1 和表 5-2 确定放坡坡率。对于填土边坡，所用土料及密实度要求可能有很大差别，不能一概而论，应根据实际情况通过稳定性计算确定边坡坡率；无经验时，可按现行国家标准《建筑地基基础设计规范》（GB 50007—2011）的有关规定确定填土边坡的坡率允许值。

表 5-1　土质边坡坡率允许值

边坡土体类别	状态	坡率允许值（高宽比）	
		坡高小于 5 m	坡高 5～10 m
碎石土	密实	1:0.35～1:0.50	1:0.50～1:0.75
	中密	1:0.50～1:0.75	1:0.75～1:1.00
	稍密	1:0.75～1:1.00	1:1.00～1:1.25
黏性土	坚硬	1:0.75～1:1.00	1:1.00～1:1.25
	硬塑	1:1.00～1:1.25	1:1.25～1:1.50

注：1. 碎石土的充填物为坚硬或硬塑状态的黏性土。

2. 对于沙土或充填物为沙土的碎石土，其边坡坡率允许值应按沙土或碎石土的自然休止角确定。

表 5-2　岩质边坡坡率允许值

边坡岩体类型	风化程度	坡率允许值（高宽比）		
		H<8 m	8 m≤H<15 m	1 m≤H<25 m
Ⅰ类	未（微）风化	1:0.00～1:0.10	1:0.10～1:0.15	1:0.15～1:0.25
	中等风化	1:0.10～1:0.15	1:0.15～1:0.25	1:0.25～1:0.35
Ⅱ类	未（微）风化	1:0.10～1:0.15	1:0.15～1:0.25	1:0.25～1:0.35
	中等风化	1:0.15～1:0.25	1:0.25～1:0.35	1:0.35～1:0.50
Ⅲ类	未（微）风化	1:0.25～1:0.35	1:0.35～1:0.50	—
	中等风化	1:0.35～1:0.50	1:0.50～1:0.75	—
Ⅳ类	中等风化	1:0.50～1:0.75	1:0.75～1:1.00	—
	强风化	1:0.75～1:1.00	—	—

注：1. H 为边坡高度。

2. Ⅳ类强风化包括各类风化程度的极软岩。

3. 全风化岩体可按土质边坡坡率取值。

在坡高范围内，不同的岩土层可采用不同的坡率放坡。边坡坡率设计应注意边坡环境的防护整治，边坡水系应因势利、导保持畅通，边坡坡顶、坡面、坡脚和水平台阶应设排水沟，并作好坡脚防护，在坡顶外围应设截水沟。当边坡表层有积水湿地、地下水渗出或地下水露头时，应根据实际情况设置外倾排水孔、排水盲沟和排水钻孔。考虑到边坡的永久性，坡面应采取保护措施，对于局部不稳定块体，应剔除，或采用锚杆和其他有效的加固措施，防止因土体流失、岩层风化及环境恶化造成边坡稳定性降低。

土质坡面的削坡降段，主要有直线形、折线形、阶梯形、大平台形 4 种形式。

1. 直线形

直线形适用于高度小于 20 m、结构紧凑的均质土坡，或高度小于 12 m 的非均质土坡。从上到下，削成同一坡度，削坡后比原坡度减缓，达到该类土质的稳定坡度。对有松散夹层的土坡，其松散部分应采取加固措施。

2. 折线形

折线形适用于高 12～20 m、结构比较松散的土坡，特别适用于上部结构较松散、下部结构较紧密的土坡。重点是削缓上部，削坡后保持上部较缓、下部较陡的折线形。上下部的高度和坡比，根据土坡高度和土质情况具体分析确定，以削坡后能保证稳定安全为原则。

3. 阶梯形

阶梯形适用于高 12 m 以上、结构较松散，或高 20 m 以上、结构较紧密的均质土坡。每一阶小平台的宽度和两平台间的高差，根据当地土质与暴雨径流情况具体研究确定。一般小平台宽 1.5～2 m，两台间高差 6～12 m。干旱、半干旱地区，两台间高差大些；湿润、半湿润地区，两台间高差小些。开级后应保证土坡稳定。

4. 大平台形

大平台形适用于高度大于 30 m，或在 8 度以上高烈度地震区的土坡。大平台一般在土坡中部，宽 4 m 以上。平台具体位置与尺寸，需根据相关规范对土质边坡高度的限制经研究确定。大平台尺寸基本确定后，需对边坡进行稳定性验算。

石质坡面的削坡降段，主要是消除高陡岩坡的地质灾害隐患，同时为后续的植被绿化和文化造景提供施工条件，主要有直线形削坡、台阶式削坡等形式。采用人工或机械方式削坡减荷、清除危岩、降低坡度，消除崩塌、滑坡等地质灾害隐患。也可将超过一定高度的边坡削坡开级，设置一定宽度的台阶。削坡工程一般规定如下：

（1）要综合考虑矿山边界、外围生态保护红线和土地权属等因素，削坡勿越界。

（2）削坡后的边坡应达到稳定状态，斜坡的角度、长度、形态应与周围环境相协调，并与当地降水条件、土壤类型和植被覆盖情况相符。

（3）削坡后的边坡应达到稳定状态，一般情况下，削坡后岩质边坡最终边坡角宜小于 60°。

（4）台阶高度根据岩质边坡高度确定：岩坡高度小于 50 m 时，台阶高度应为 8～15 m；岩坡高度为 50～100 m 时，台阶高度应为 12～20 m；岩坡高度大于 100 m 时，台阶高度应大于 20 m。台阶宽度一般为 4～6 m。台阶坡面角宜小于 70°。坡面台阶数一般为 2～5 级。特殊条件下，台阶高度和宽度可酌情考虑。

根据作业方式的不同，削坡降段一般包括人工及机械削方、爆破削方两种方式。

1. 人工及机械削方

（1）施工工艺流程

人工削方适用于作业面受限制、规模小、土石方量小的开挖。机械削方适用于场地开阔、土石方量大的土体、碎块石及软弱岩石的开挖。削方施工流程一般为：测量放线—铺设临时道路—表层清理—分层分段开挖—土方处置—边坡修正—检查验收。

（2）施工方法

①人工削方的主要机具为空压机、风镐、十字镐、铁锹、撬棍、钢钎、钢楔、手锤、手推车等。

②机械削方常用的挖装设备有推土机、铲运机、挖掘机（正铲、反铲）、装载机。

③削方工程施工前应根据设计文件及施工工期要求，制定切实可行的施工方案，确定开挖分区、分段和分层，合理安排开挖顺序，并做好施工机械选型配套等工作。

④削方工程施工前应调查削方区外围岩土体工程的地质条件，不得引发后缘及两侧岩土体产生滑坡、崩塌等地质灾害。

⑤削方开挖应从上至下分层逐段进行，严禁先挖坡脚。设计有护坡工程时，削方应与护坡工程施工密切配合，分层分段开挖，及时跟进护坡工程施工，裸露坡面不宜长期暴露。上层护坡结构体强度达到龄期要求后，方可进行下一层削坡施工。

⑥削方施工时应防止超挖、欠挖，应采取措施保护设计坡面以下的岩土体不受扰动和破坏。

⑦削方施工时应按设计要求留置马道，设置临时性挖方边坡。

⑧削方施工过程中，应定期测量和校核其平面位置、标高和边坡坡度是否符合设计要求。平面控制桩和水准控制点应采取可靠措施加以保护，定期检查和复测。

⑨削方施工过程中作好施工地质记录。当揭露的工程地质条件与勘查设计文件不相符，需修改设计方案或采取加固措施时，应立即停止施工，防止

岩土体下滑,并及时通知勘查设计单位进行确认。

⑩削方的坡面应利于排水,临时坡面不得形成反坡或凹坑、凹槽,避免造成地表积水下渗。

⑪削方过程中自上而下每开挖 3～4 m,检查一次开挖坡面,对于异形坡面,应加密检查,并根据检查结果及时调整改进施工工艺。

⑫削方过程中应及时对临时垮塌采取措施,保证相邻非削方区坡体的稳定。顺向坡开挖应及时作好支护加固,预先清除稳定性差的危岩体、楔形体。

⑬当在危险地段施工时,应设置安全护栏和明显警示标志。夜间施工时,现场照明条件应满足施工需要。

⑭在雨期施工时,应做好排导水和防护工作。

2. 爆破削方

(1) 施工工艺流程

爆破削方施工流程一般为:爆破试验—测量定位、清表—炮孔定位与钻孔—装药填塞—起爆—爆后检查、盲炮处置—边坡修正—检查验收。

(2) 施工方法

①爆破削方施工应综合考虑危岩体的空间形态、规模、地形地质条件和周边环境条件,选择安全可靠、适用有效的爆破方法。露采矿山削坡降坡爆破法一般采用松动爆破结合光面爆破及预裂爆破施工工艺。

②爆破作业必须由具有相应资质的爆破施工单位负责,并由经过专业培训、取得爆破证书的专业人员施爆。

③爆破工程应符合《土方与爆破工程施工及验收规范》(GB 50201—2012)等现行有关标准的规定。

④施工前,应复核危岩体规模、岩石类别、风化程度、节理裂隙发育程度,现场外电线路平面位置和高度,地下管网平面位置和埋深,周边建筑物或道路设施结构类型、完好程度、与清除边界的距离等。

⑤爆破削方施工前,施工单位应编制爆破试验大纲并进行爆破试验。试验区应选在爆破削方区内或与之相似区处。根据爆破试验成果,修改并制定削方区的爆破方案或爆破设计。爆破试验时,收集爆破安全有关数据和资料,指导工程削方爆破。

⑥炮孔钻孔施工前,应对施爆区先进行表层清理工作,用机械或人工清除施爆区覆盖层和强风化层。

⑦应按爆破设计准确测定炮孔孔位,炮孔孔深、孔径、间排距及偏斜度应符合要求。发现不合格钻孔时,应及时进行处理,未达验收标准不得装药。

⑧爆破作业人员应按爆破设计进行装药,当需调整时,应征得现场技术负责人同意并作好变更记录。在装药和填塞过程中,应保护好爆破网线。当发现装药阻塞时,严禁用金属杆(管)捣捅药包。爆前应进行网路检查,确认无误后再起爆。

⑨起爆前,应撤离爆区和飞石、强地震波影响区的人、畜,在设计的警戒范围内设立明显标志,执行警戒任务的人员应到达指令指定地点坚守工作岗位。

⑩爆破后,应进行安全检查。爆破后,超过 10 min 方准许检查人员进入爆破作业地点。如不能确认有无盲炮,应经 15 min 后才能进入爆区检查。发现盲炮及其他险情应立即上报,根据实际情况按规定处理。

⑪爆破施工须严格加强爆破器材管理,爆破器材临时储存必须得到当地相关行政主管部门的许可。爆破施工单位必须按规定处置不合格及剩余的爆破器材,未经许可,工地不得存放爆破器材,剩余爆破器材应及时退库。

⑫当遇浓雾、大雨、大风、雷电等情况均不得起爆,在视距不足或夜间不得起爆。

⑬爆破施工中需要设置爆破作业平台时,平台宽度和相邻平台高度应满足设计要求。

⑭爆破削方后应进行边坡修整和土石方处置,最终坡度角应满足设计要求,土石方按设计要求进行回填、堆置或外运。

5.1.3 挡墙

挡墙是一种支承路基填土或山坡土体、防止填土或土体变形失稳的构造物,广泛应用在露天矿山生态修复以及地质灾害治理中。按其受力条件可采用重力式、半重力式、衡重式、悬臂式、扶壁式、空箱式、桩板式、锚杆(索)式和加筋式挡墙。

1. 重力式挡墙

重力式挡墙主要靠自身重量和底板以上填土重量维持结构稳定，因此这种墙体的临土面由底板末端向墙顶方向倾斜。它是露天矿山生态修复常用的一种挡墙。重力式挡墙可用块石、片石、混凝土预制块作为砌体，或采用片石混凝土、混凝土进行整体浇筑，一般都做成简单的梯形（见图5-1）。

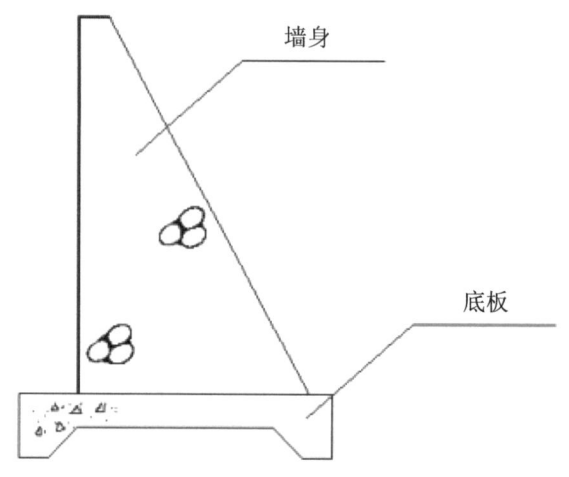

图5-1 重力式挡墙断面结构示意图

根据墙背倾斜情况，重力式挡墙可分为俯斜式挡墙、仰斜式挡墙、直立式挡墙和衡重式挡墙等类型。按土压力理论，仰斜墙背的主动土压力最小，而俯斜墙背的主动土压力最大，直立墙背位于两者之间。挡墙修建时需要开挖，因仰斜墙背可与开挖的临时边坡相结合，而俯斜墙背后需要回填土，因此支挡挖方工程的边坡以仰斜墙背为好。反之，如果是填方工程，则宜用俯斜墙背或直立墙背，以便填土易夯实。在个别情况下，为减小土压力，采用仰斜墙背也是可行的，但应注意墙背附近的回填土质量。

重力式挡墙基础底面大、体积大。如高度过大，不利于土地的开发利用，往往也是不经济的。采用重力式挡墙作为边坡支挡时，土质边坡高度不宜大于 10 m，岩质边坡高度不宜大于 12 m。对变形有严格要求或开挖土石方可能危及边坡稳定的边坡，不宜采用重力式挡墙；开挖土石方危及相邻构筑物安全的边坡，不应采用重力式挡墙。重力式挡墙类型应根据使用要求、地形、地质和施工条件等综合考虑确定，对于岩质边坡和挖方形成的土质边坡，宜优先采用仰斜式挡墙，高度较大的土质边坡，宜采用衡重式或仰斜式挡墙。

重力式挡墙构造设计如下：

（1）重力式挡墙材料可使用浆砌块石、条石、毛石混凝土或素混凝土。挡土墙墙身及基础，所采用的混凝土不低于 C15，所采用的砌石、石料的抗压强度一般不小于 MU30，寒冷及地震区，石料的重度不小于 20 kN/m³，经 25 次冻融循环，应无明显破损。挡墙高度小于 6 m 时，砂浆采用 M5，超过 6 m 时，宜采用 M4.5，在寒冷及地震地区应选用 M10。

（2）重力式挡墙基底可做成逆坡。对于土质地基，基底逆坡坡度不宜大于 1:10；对于岩质地基，基底逆坡坡度不宜大于 1:5。

（3）挡墙地基表面纵坡大于 5% 时，应将基底设计为台阶式，其最下一级台阶底宽不宜小于 1 m。

（4）块石或条石挡墙的墙顶宽度不宜小于 400 mm，毛石混凝土、素混凝土挡墙的墙顶宽度不宜小于 200 mm。

（5）重力式挡墙的基础埋置深度，应根据地基稳定性、地基承载力、冻结深度、水流冲刷情况以及岩石风化程度等因素确定。在土质地基中，基础最小埋置深度不宜小于 0.5 m；在岩质地基中，基础最小埋置深度不宜小于 0.3 m（掌子面台阶用于挡土的除外）。基础埋置深度应从坡脚排水沟底算起。受水流冲刷时，埋深应从预计冲刷底面算起。

（6）位于稳定斜坡地面的重力式挡墙，其墙趾最小埋入深度和距斜坡地面的最小水平距离如表 5-3 所示。

表 5-3 墙趾最小埋入深度和距斜坡地面的最小水平距离

地基情况	最小埋入深度 /m	距斜坡地面的最小水平距离 /m
硬质岩石	0.6	0.6～1.5
软质岩石	1	1.5～3
土质	1	3

（7）重力式挡墙的伸缩缝间距，条、块石挡墙宜为 20～25 m，混凝土挡墙宜为 10～15 m。在挡墙高度突变处及与其他建（构）筑物连接处应设置伸缩缝，在地基岩土性状变化处应设置沉降缝。沉降缝、伸缩缝的缝宽宜为 20～30 mm，缝中应填塞沥青麻筋或其他有弹性的防水材料，填塞深度应

不小于 150 mm。

（8）挡墙后面的填土，应优先选择抗剪强度高和透水性较强的填料。当采用黏性土作填料时，宜掺入适量的沙砾或碎石，不用淤泥质土、耕植土、膨胀性黏土等软弱有害的岩土体作为填料。

（9）挡墙的防渗与泄水布置应根据地形、地质、环境、水体来源及填料等因素分析确定。

（10）挡墙后填土地表应设置排水良好的地表排水系统。

（11）重力式挡墙的尺寸随墙型和墙高而变。重力式挡墙墙面胸坡和墙背的背坡一般为 1:0.2～1:0.3。仰斜墙背坡度愈缓，土压力愈小。为避免施工困难及保证本身的稳定，墙背坡不小于 1:0.25，墙面尽量与墙背平行。对于直立墙背，如地面坡度较陡时，墙面坡度可为 1:0.05～1:0.2，对于中、高挡土墙，地形平坦时，墙面坡度可较缓，但不宜缓于 1:0.4。

（12）采用混凝土块和石砌体的挡墙，墙顶宽不宜小于 0.4 m；整体灌注的混凝土挡墙，墙顶宽应不小于 0.2 m；钢筋混凝土挡墙，墙顶宽应不小于 0.2 m。通常墙顶宽约为 $H/12$（H 为墙高），而墙底宽约为 $(0.5～0.7)H$，应根据计算最后确定墙底宽。

（13）当墙身高度超过一定限度时，基底压应力往往是控制截面尺寸的重要因素。为了使地基压应力不超过地基承载力，可在墙底加设墙趾台阶。加设墙趾台阶，挡墙抗倾覆能力更强。墙趾的高度与宽度比，应按圬工（砌体）的刚性角确定。要求墙趾台阶连线与竖直线之间的夹角 θ，石砌圬工不大于 35°，混凝土圬工不大于 45°。一般墙趾的宽度不大于墙高的 1/20，也不小于 0.1 m。墙趾高应按刚性角确定，但不宜小于 0.4 m。

（14）挡墙在墙后填土土压力的作用下，必须具有足够的整体稳定性和结构强度。设计时，应验算挡墙在荷载作用下沿基底滑动的稳定性、绕墙趾转动的倾覆稳定性和地基的承载力。当基底下存在软弱土层时，应当验算该土层的滑动稳定性。在地基承载力较小时，应考虑采用工程措施，以保证挡墙的稳定性。

重力式挡墙施工技术要求如下：

（1）浆砌块石、条石挡墙的施工，所用砂浆宜采用机械拌和。块石、条石表面应清洗干净，砂浆填塞应饱满，严禁干砌。

（2）块石、条石挡墙所用石材的上下面应尽可能平整，块石厚度应不小于 200 mm。挡墙应分层错缝砌筑，墙体砌筑时不应有垂直通缝，且外露面应用 M75 砂浆勾缝。

（3）墙后填土应分层夯实，选料及其密实度均应满足设计要求。填料回填应在砌体或混凝土强度达到设计强度的 75% 以上后进行。

（4）当填方挡墙墙后地面的横坡坡度大于 1:6 时，应进行地面粗糙处理后再填土。

（5）重力式挡墙在施工前应预先设置好排水系统，保持边坡和基坑坡面干燥。基坑开挖后，基坑内不应积水，并应及时进行基础施工。

（6）重力式抗滑挡墙应分段、跳槽施工。

2. 半重力式挡墙

重力式挡墙是以挡墙自身重力来维持挡墙在土压力作用下的稳定性，而半重力式挡墙为了减少自身重量，通过改变断面形式、墙背加筋、加宽墙趾等多种方式，使挡墙在自身重力和柔性结构的双重作用下达到自身的稳定性。半重力式挡墙的墙背一般采用折线形（见图5-2），主要是考虑节省工程资金，以及施工期的质量控制因素。

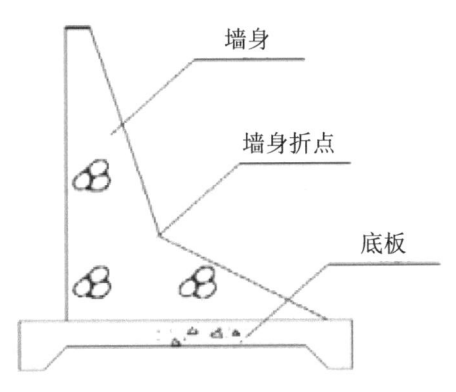

图 5-2 半重力式挡墙断面结构示意图

半重力式挡墙墙身截面较小，常用混凝土建造，并在强度不够的地方配置钢筋，可进一步提高挡墙的高度。其底板需要有足够的宽度来保证稳定性，耗钢量比较大，造价较高，而且其墙体均为立模现浇，装模难度大，施工不易。

无论采用什么建筑材料,如砌石、混凝土等,采用半重力式挡墙可减少工程量是不言而喻的。对于混凝土结构,由于重力式挡墙的墙身属于大体积混凝土,施工过程中的水化热难以释放,容易形成裂缝,影响工程质量,采用半重力式挡墙则可大大减小这种影响。由于重力式挡墙断面较大且沿高度方向呈直线变化,因此挡墙墙身只需核算墙身与底板连接处的强度即可,而墙背做成折线形的半重力式挡墙。由于墙身断面沿高度方向的折点也是墙身的薄弱环节,因此除需核算墙身与底板连接处的强度外,还应对墙身折点处的强度进行核算。

3. 衡重式挡墙

衡重式挡墙是一种较特殊的断面结构(见图5-3),其稳定性主要是靠墙身自重和衡重台上的填土重量维持的。由于衡重台有减小土压力的作用,因此衡重式挡墙断面比重力式挡墙小,但因其底板较小,故对地基条件要求较高。

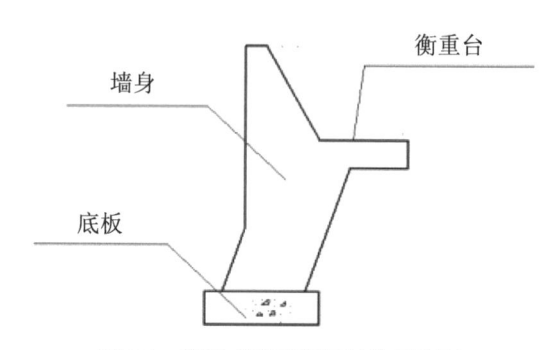

图 5-3 衡重式挡墙断面结构示意图

一般来说,衡重式挡墙的自身强度都能满足要求,其结构尺寸的拟定主要取决于结构稳定性和地基条件。根据工程经验,衡重台宜设置在 0.4～0.5 倍墙高处,衡重台以上为梯形断面,衡重台以下设 4:1～5:1 的倒坡,底板以上的土体破裂面连线不应超出衡重台的尾端,最好留有一定的余地,这样才能尽可能减小水平向土压力对结构稳定性的影响。由于衡重式挡墙的底板平面尺寸较小,所以要建造在良好的地基上。如果建造在土质地基上,除了满足地基允许承载力的要求外,还应对底板前、后端基底的沉降变形进行分析。

挡墙基底应置于满足承载力要求的地基上,基底逆坡应符合设计要求,以保证墙身稳定。基础位于横向斜坡地段时,前址埋置深度及襟边宽度应满足相关规范要求。应优先选用内摩擦角大、透水性好的填料，如小卵石、砾石、料沙、石屑等。挡墙墙端嵌入原地层深度，土质地层应不小于 1.5 m，风化软质岩层应不小于 1 m，微风化岩层应不小于 0.5 m。墙身在岩土分界线以上部分应分层设置泄水孔，上下排交错布置。孔内预埋排水管，排水管端头用土工布滤布包裹，最下面一排汇水孔出口应保证排水顺畅，不得阻塞。在泄水孔进水口处设粗颗粒材料（大粒径碎石或卵石），以利排水。衡重台处应增设一排泄水孔。挡墙应根据地形及地质变化情况设置沉降缝，间距一般为 10～15 m，缝宽为 2 cm，沉降缝内用沥青麻絮沿内、外、顶三边填塞。

墙址处地面横坡较陡时，挡墙下部宜采用台阶式扩大基础，台阶高宽比应不大于 1:2，且最外侧台阶宽度应不小于 2 m，台阶底面应做成逆坡状。软质岩石路段或墙高超过 12 m 的较完整硬质岩石路段，应视基岩倾角情况加设锚杆，以加强台阶与地基间的连接。

衡重式挡墙施工注意事项如下：

（1）施工前应做好地面的排水工作，以使基坑在开挖及填筑期间保持干燥状态，避免基坑长期浸泡在水中。

（2）在松软地层或坡积层地段，基坑不得全段开挖，以免在挡墙完工以前发生土体坍滑，必须采用跳槽开挖、及时分段砌筑的办法施工。

（3）基坑开挖后，若发现地基条件与设计有出入，应根据实际情况调整设计。

（4）挡墙基础如置于基岩时，应清除表层风化部分；如置于土层时，不应放在软土、松土或未经特殊处理的回填土上，应置于密实的土层中。

（5）若发现基岩裂隙，应以水泥砂浆填塞；若基底岩层有外露的软弱夹层，宜在墙址前对该层作封面防护，以防风化剥落；如基岩为软质岩，应在基坑验收合格后及时砌筑挡墙基础。

（6）墙址处的基坑在基础完工后应及时回填夯实，并做成外倾斜坡，以免积水下渗，影响墙身稳定。

（7）浆砌挡墙应错缝砌筑，不得做成水平通缝。

（8）墙背回填需待砂浆强度达 75% 以上方可进行，墙背填料应符合设计要求。回填应逐层填筑、逐层夯实，夯实时应注意勿使墙身受较大影响。

(9)当墙后地面横坡陡于 1:5 时,应先挖台阶,然后再回填。

(10)石料、水泥砼或水泥砂浆标号应符合设计要求。

4. 悬臂式挡墙

悬臂式挡墙由底板和固定在底板上的直墙构成(见图 5-4),主要靠墙后底板以上的填土重量维持结构稳定。其墙体的临土面由底板向墙顶方向倾斜,这样除了满足稳定性要求外,墙体根部及底板还需要满足强度要求。

悬臂式挡墙抗弯能力强、稳定性好,可用在挡土高度很高的土坡边上,其构造要求如下:

(1)墙身。一般悬臂式挡墙的内侧做成竖直面,墙面可做成 1:0.02~1:0.05 的斜坡,具体坡度应根据挡墙的高度确定。当挡墙的高度较小时,墙身可做成等厚度的;当高度较大时,墙面坡度取大些,墙顶的最小厚度为 200 mm。

(2)底板。底板是由墙趾和墙踵板组成的。底板一般水平设置。墙踵板底面水平、顶面倾斜,长度由抗滑移稳定验算确定,根部厚度一般取 1/12~1/10 墙踵板长,且应不小于 200 mm。墙踵板的长度根据抗倾覆安全系数、基底压力和偏心矩大小等条件确定,一般可取 0.15~0.3 倍墙底板宽度,底板总宽度 b 按整体稳定条件确定,一般取(0.6~0.8)H(H 为墙高)。

(3)墙身构造。为提高挡墙的抗滑移能力,可在基础底板上加设防滑键。防滑键设在墙身底部,键的宽度应根据剪力要求确定,其最小值为 30 cm。一般每隔 20~25 m 设一道伸缩缝。当墙面较长时,可分段施工以减小收缩影响。

(4)排水要求。挡墙后应做好排水措施,以消除水压影响,减小墙背的水平推力。通常在墙身中每隔 2~3 m 设置一个 100~150 mm 孔径的泄水孔。墙后做滤水层,墙后地面宜铺筑黏土隔水层,墙后填土时,应采用分层夯填方法。在严寒的气候条件下施工,有冻胀的可能,最好以炉渣填充。

悬臂式挡墙是一种轻型支挡构筑物。其支挡结构的抗滑、抗倾覆能力主要取决于墙身自重和墙底板以上填筑土体(包括荷载)的重力效应。此外,如果在墙底板设置凸榫,将大大提高挡墙的抗滑稳定性。挡墙采用钢筋混凝土结构,其结构厚度减小、自重减轻,同时,钢筋混凝土底板刚度的提高,使得挡墙立臂高度较大且提高了在地基承载力较低的条件下的适应性。因此,悬臂式挡墙的优点主要是结构尺寸较小、自重轻、便于在石料缺乏和地基承载力较低的填方地段使用。

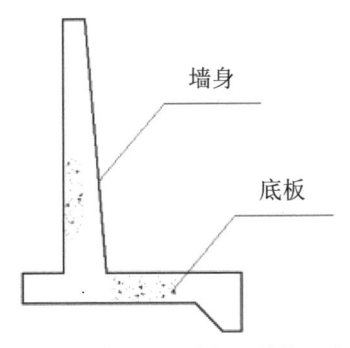

图 5-4 悬臂式挡土墙断面结构示意图

5. 扶壁式挡墙

扶壁式挡墙由前墙（立壁）、墙趾板和墙踵板（底板）、扶壁组成（见图 5-5）。扶壁把立壁同墙踵板连接起来，起加劲的作用，以改善立壁和墙踵板的受力条件，提高结构的刚度和整体性，缓解立壁变形。扶壁式挡墙宜整体灌注，也可采用拼装方式，但拼装的扶壁式挡墙不宜在地质不良地段和地震烈度大于或等于 8 度的地区使用。扶壁式挡墙的结构稳定性是靠墙身自重和墙踵板上方填土的重力来保证的，而且墙趾板的设置也显著增大了挡墙的抗倾覆稳定性，并大大减小了基底接触应力。

扶壁式挡墙是一种钢筋混凝土薄壁式挡墙，其主要特点是构造简单、施工方便、墙身断面较小、自身质量轻，可以较好地发挥材料的强度性能，能适应承载力较低的地基条件，适用于缺乏石料及地震地区。扶壁式挡墙，断面尺寸较小，踵板上的土体重力可有效地抵抗倾覆和滑移，竖板和扶壁共同承受土压力产生的弯矩和剪力，相对悬臂式挡墙受力好。

扶壁式挡墙回填不应采用特殊类土（如淤泥、软土、黄土、膨胀土、盐渍土、有机质土等），主要考虑这些土物理力学性质不稳定、变异大，因此限制使用。考虑地基承载力、结构受力特点及经济等因素，扶壁式挡墙高度不宜超过 10 m，一般高度为 6～10 m 的填方边坡采用扶壁式挡墙较为经济合理。

扶壁式挡墙也是靠底板以上填土的重量维持稳定的，与悬臂式挡墙在结构上的区别是：除了立壁和底板外，每隔一段距离还有由底板向墙顶方向倾斜的扶壁。这种结构的受力状态大大优于悬臂式挡墙。由于挡墙墙后填土面一般都与墙顶平齐，因此扶壁式挡墙的扶壁高度大都略低于墙顶。扶壁间距宜为 3～5m。间距太小，不仅不经济，而且不利于施工碾压；间距太大，墙体和扶壁的强度要求高。因此，扶壁间距应根据平面布置和结构的刚度等综合因素确定。根据工程实践经验，墙体高度宜大于 1.5 倍扶壁间距较为经济。

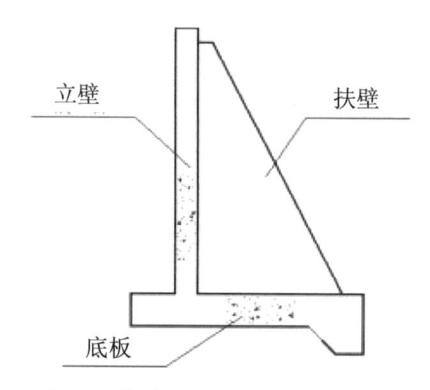

图 5-5　扶壁式挡墙断面结构示意图

扶壁式挡墙的构造设计如下：

（1）扶壁式挡墙的混凝土强度等级应根据结构承载力和所处环境类别确定，且应不低于 C25。立板和扶壁的混凝土保护层厚度应不小于 35 mm，底板的保护层厚度应不小于 40 mm。受力钢筋直径应不小于 12 mm，间距不宜大于 250 mm。

（2）扶壁式挡墙尺寸应根据强度和变形计算确定，并应符合下列规定：

①两扶壁之间的距离宜取挡墙高度的 1/3～1/2；

②扶壁的厚度宜取扶壁间距的 1/8～1/6，且不宜小于 300 mm；

③立壁顶端和底板的厚度应不小于 200 mm；

④立壁在扶壁处的外伸长度，宜根据外伸悬臂固端弯矩与中间跨固端弯矩相等的原则确定，可取约两扶壁净距的 0.35 倍。

（3）扶壁式挡墙配筋应根据其受力特点进行设计。立板和墙踵板按板配筋，墙趾板按悬臂板配筋，扶壁按倒 T 悬臂深梁进行配筋。立壁与扶壁、底板与扶壁之间根据传力要求计算设计连接钢筋。宜根据立壁、墙踵板及扶壁的内力大小分段分级配筋，同时立壁、底板及扶壁的配筋率、钢筋的搭接和锚固等应符合现行国家标准《混凝土结构设计规范》（GB 50010—2010）的有关规定。

（4）当挡墙受滑动稳定控制时，应采取提高抗滑能力的构造措施。宜在墙底下设防滑键，其高度应保证键前土体不被挤出。防滑键厚度应根据抗剪强度计算确定，且应不小于 300 mm。

（5）扶壁式挡墙位于纵向坡度大于 5% 的斜坡时，基底宜做成台阶形。

（6）对于软弱地基或填方地基，当地基承载力不满足设计要求时，应进行地基处理或采用桩基础方案。挡墙基础是保证挡墙安全正常工作的十分重要的部分。在实际工程中，许多挡墙损坏都是由地基基础设计不当引起的，因此设计时必须充分掌握工程地质及水文地质条件，在安全、可靠、经济的前提下，合理选择基础形式，采取恰当的地基处理措施。当挡墙纵向坡度较大时，为减少开挖及降低挡墙高度、节省造价，在保证地基承载力的前提下，可将其设计成台阶形。当地基为软土层时，可采用换土层法或采取桩基础等地基处理措施。不应将基础置于未经处理的地层上。

（7）扶壁式挡墙的泄水孔设置及构造要求等应按《建筑边坡工程技术规范》（GB 50330—2013）等相关规范规定执行。

（8）钢筋混凝土结构扶壁式挡墙因温度变化引起材料变形，增加了结构的附加内力，当长度过长时，可能使结构开裂。扶壁式挡墙纵向伸缩缝间距宜为 10～15 m。扶壁式挡墙对地基不均匀变形敏感，在不同结构单元及地层岩土性状变化时，将产生不均匀变形，为适应这种变化，宜在不同结构单元处和地层性状变化处设置沉降缝，采用沉降缝分成独立的结构单元。有条件时，伸缩缝与沉降缝宜合并设置。

（9）挡墙后面的填土，应优先选择抗剪强度高和透水性较强的填料。当采用黏性土作填料时，宜掺入适量的沙砾或碎石。不宜采用淤泥质土、耕植土、膨胀性黏土等软弱有害的岩土体作为填料。

扶壁式挡墙施工技术要求如下：

（1）施工时应做好地下水、地表水及施工用水的排放工作，避免水软化地基，降低地基承载力。基坑开挖后，应及时进行封闭和基础施工。

（2）挡墙后填料应严格按设计要求就地选取，并应清除填土中的草、树皮、树根等杂物。在结构达到设计强度的 70% 后进行回填。填土应分层压实，其压实度应满足设计要求。扶壁间的填土应对称回填，减小因不对称回填对挡墙的不利影响。挡墙泄水孔的反滤层应当在填筑过程中及时施工。

（3）当挡墙墙后表面的横坡坡度大于1:6时，应进行表面粗糙处理后再填土。

扶壁式挡墙施工工艺过程一般如下：

（1）施工准备。施工先夯实整平碎石垫层，再浇筑素混凝土垫层，为扶壁式挡墙的基础施工提供作业面。

（2）测量放线。根据施工图划分施工段，测定挡墙墙趾处路基中心线及基础主轴线、墙顶轴线、挡墙起讫点和横断面，注明高程及开挖深度。每根轴线均应在基线两端延长线上设4个桩点，并分别以混凝土包封保护。放测桩位时，应测定中心桩及挡墙的基础地面高程，临时水准点应设置在施工干扰区域之外，测量结果应符合精度要求并与相邻路段水准点相闭合。

（3）基础施工。测量放线确定基础尺寸后，进行钢筋绑扎、立模，同时预埋墙面板钢筋和扶壁钢筋。基础钢筋的绑扎要注意钢筋的保护层厚度，垫块采用和基础同强度的混凝土垫块，以保证混凝土的质量。挡墙基础的施工可以按三个标准单元节同时浇筑混凝土，为挡墙的墙面板施工提供较多的作业面。混凝土由罐车从集中拌和站运至现场，经泵送料入模，采用插入式振捣棒振捣，不得过振及漏振。

（4）墙面板施工。首先，绑扎墙面板钢筋和扶壁钢筋，钢筋安装完经监理检查合格后，开始灌模。施工中，需特别注意模板的垂直度和平整度。在钢筋混凝土与模板间设置垫块，垫块与钢筋扎紧。垫块应采用细石混凝土制作，保证垫块的强度与混凝土结构强度相同。垫块的安装应该保证钢筋的保护层厚度符合设计要求。在混凝土施工过程中，要经常检查垫块的位置是否准确。

（5）泄水孔施工。泄水孔宜按梅花形交错布置，间隔2～3m，采用直径<50 mm的PVC管，并用透水土工布包裹。泄水孔的横坡为4%。在安装时，可通过钢筋对PVC管进行固定。对于墙面板方向的泄水孔，要使PVC管与正面模板接触紧密，PVC管的端面要形成相应的斜面，保证在浇筑混凝土的过程中，PVC管周围不会漏浆，面板光滑、平整。

(6）混凝土养护。混凝土灌注完毕后，安排专人在初凝前进行混凝土收面，待混凝土终凝前再进行一次收面压光处理，然后再覆盖土工布进行洒水保湿养护。当气候炎热或有风时，2～3 h 后即可浇水以维持湿润状态。在潮湿气候条件下，空气相对湿度大于 60% 时，使用普通水泥，湿润养护时间不少于 7 天。

（7）模板拆除。模板的拆除期限应根据结构物特点、模板部位和混凝土所达到的强度来确定。墙面板和扶壁的侧模板属非承重模板，应在混凝土强度能保证其表面及棱角不受损伤时才能拆除。一般应在混凝土抗压强度达到 2.5 MPa 时方可拆除侧模板。

（8）墙背填土。在挡墙混凝土的强度达到设计强度的 70% 时才能够进行填土。

6. 空箱式挡墙

空箱式挡墙由前墙、后墙、隔墙、底板、盖板组成（见图 5-6），空箱内可进水，有时根据需要还可通过在部分空箱内填土以调整结构重心，其稳定性主要靠自重和空箱内的水重（包括土重）维持，一般适用于地质条件较差的地段。兼有挡水作用的空箱式挡墙，为了稳定的需要，往往在前墙的下部最低水位以下开有进水孔。凡开有进水孔的前墙，为使墙体前后的水位能迅速配平，前墙的顶部需要留有足够面积的排气孔。这里所说的足够面积，是指在水体涌入空箱时所排出的气体不至于发生啸叫声。

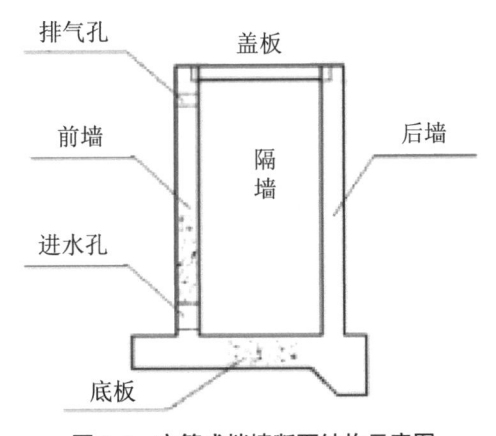

图 5-6 空箱式挡墙断面结构示意图

7. 桩板式挡墙

桩板式挡墙属于轻型薄壁结构，其墙身一般为打入式预制构件或现浇地下连续墙。采用打入式预制构件施工时，可选用钢筋混凝土预制板桩或折线形钢板桩结构。考虑到刚度要求和施工方便，钢筋混凝土预制板桩厚度不宜小于 0.3 m，折线形钢板桩的厚度不宜小于 12 mm。对于地下连续墙的厚度，如果过于单薄，钢筋骨架不易放入，根据一些工程的施工经验，最小厚度应在 0.4 m 以上。当然，这些构件的厚度，首先应保证强度要求。凡需设置锚碇墙的桩板式挡墙，其锚杆一般都采用高强度钢制杆件，并通过张紧器固定在墙体破裂面后一定距离以外的锚锭墙上。锚杆的长度、锚碇墙的位置及高度由整体稳定条件计算确定。锚杆的直径根据所承受的拉力计算确定。锚碇墙的厚度由强度计算确定。对于暴露在空气、水体及土层中的钢板桩、锚杆、张紧器等钢质构件，应根据其环境条件考虑增加在使用周期内可能引起的腐蚀量。

桩板式挡墙可用于地基条件较差的环境中，根据受力条件不同，可分为无锚碇墙的桩板式挡墙（见图 5-7）和有锚碇墙的桩板式挡墙（见图 5-8）两种。无锚碇墙的桩板式挡墙在水平力的作用下变位较大，一般仅在挡土高度不大的情况下使用；而有锚碇墙的桩板式挡墙依靠锚碇墙维持结构稳定，因此可用于挡土高度较大的场所。根据不同的施工方法，桩板式挡墙的墙体又可分为打入式板桩和地下连续墙两种结构，但无论采用哪种结构，其施工缝都可能留有一定的间隙，若不采取相应的措施，墙后土体颗粒有可能在地下水渗流作用下逐渐流失而影响其正常使用。

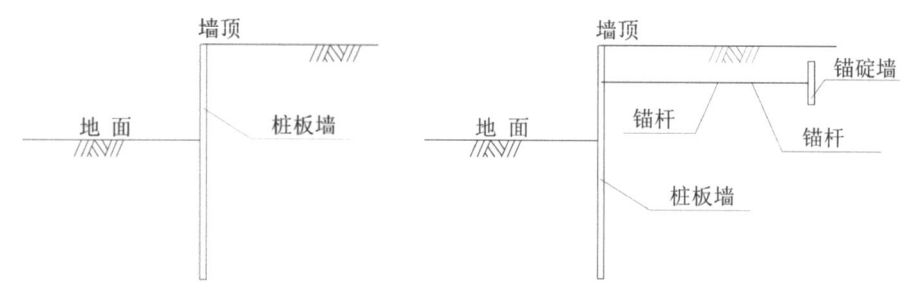

图 5-7 无锚碇墙的桩板式挡墙结构示意图　图 5-8 有锚碇墙的桩板式挡墙结构示意图

桩板式挡墙适用于土石方可能危及相邻建筑物或环境安全的边坡、填方边坡支挡以及工程滑坡治理。挡板可以采用现浇板或预制板，桩板式挡墙形式的选择应根据工程使用要求、地形、地质和施工条件等综合考虑确定。无锚碇墙的桩板式挡墙高度过大，支挡结构承受的岩土压力及产生的桩顶位移均会出现较大幅度增长，不利于边坡安全，且悬臂桩断面过大，因此从安全性和经济性的角度出发，无锚碇墙的桩板式挡墙的高度一般不宜超过 10 m。有锚碇墙的桩板式挡墙高度不宜大于 25 m，可采用单点锚固或多点锚固的结构形式。当其高度较大、边坡推力较大时，宜采用预应力锚杆。桩间距不宜小于 2 倍桩径或桩截面短边尺寸，桩径和桩截面尺寸应根据岩土侧压力大小和锚固段地基承载力等因素确定，达到安全可靠、经济合理的目的。

桩板式挡墙构造设计如下：

（1）桩的混凝土强度等级应不低于 C25，用于滑坡支挡时，桩身的混凝土强度等级应不低于 C30。挡板的混凝土强度等级应不低于 C25，灌注锚杆（索）孔的水泥砂浆强度等级应不低于 M30。

（2）桩受力主筋混凝土保护层应不小于 50 mm，挡板受力主筋混凝土保护层挡土一侧应不小于 25 mm，临空一侧应不小于 20 mm。

（3）桩内不宜采用斜筋抗剪。剪力较大时，可采用调整混凝土强度等级、箍筋直径和间距、桩身截面尺寸等措施，以满足斜截面抗剪强度要求。

（4）考虑到用于抗滑的桩桩身截面较大，多采用人工挖孔，为方便施工，不宜设置过多的箍筋肢数。桩的箍筋宜采用封闭式，肢数不宜大于 4，箍筋直径应不小于 8 mm。

（5）桩的两侧和受压边应配置纵向构造钢筋。两侧纵向钢筋直径不宜小于 12 mm，间距不宜大于 400 mm；受压边钢筋直径不宜小于 14 mm，间距不宜大于 200 mm。

（6）有锚碇墙的桩板式挡墙锚孔距桩顶距离不宜小于 1 500 mm，固点附近桩身箍筋应适当加密。

（7）无锚碇墙的桩板式挡墙，桩长在岩质地基中嵌固深度不宜小于桩总长的 1/4，土质地基中不宜小于 1/3。

（8）桩板式挡墙应根据其受力特点进行配筋设计，其配筋率、钢筋搭接和锚固应符合现行国家标准《混凝土结构设计规范》（GB 50010—2010）的有关规定。

（9）桩板式挡墙纵向伸缩缝间距不宜大于 25 m。

（10）挡墙后面的填土，应优先选择抗剪强度和透水性较强的填料。当采用黏土作填料时，宜掺入适量的沙砾或碎石。不应采用淤泥质土、耕植土、膨胀性黏土等软弱有害的岩土体作为填料。

桩板式挡墙施工技术要求如下：

（1）挖方区悬臂式桩板挡墙应先施工桩，再施工挡板；填方区锚拉式桩板挡墙应先施工桩，再采用逆作法施工锚杆（索）及挡板。

（2）桩身混凝土应连续灌注，不得形成水平施工缝。当需加快施工进度时，宜采用速凝、早强混凝土。

（3）因土石分界处及滑动面处往往属于受力最大部位，桩纵筋的接头不得设在土石分界处和滑动面处，以保证桩身承载力。

（4）墙后填土必须分层夯实，选料及其密实度均应满足设计要求。

（5）桩和挡板设计未考虑大型碾压机的荷载时，桩板后至少 2 m 内不得使用大型碾压机械填筑。

8. 锚杆（索）式挡墙

锚杆（索）式挡墙是指利用锚杆技术建筑的挡墙，由钢筋混凝土墙面和锚杆组成，依靠锚固在岩层内的锚杆的水平拉力来承受土体侧压力（见图 5-9）。锚杆（索）式挡墙主要用于陡立边坡的防护，其挡墙面的稳定是靠伸入墙后岩体或土体的锚杆通过黏结剂与岩体或土体的握裹力维持的。按墙面构造的不同，分为柱板式和壁板式两种。所谓柱板式，是指挡墙的墙面由肋柱和挡土板组成，挡土板直接承受墙面后填料产生的土压力，挡土板支承于肋柱，肋柱与锚杆相连；而壁板式则不设立柱，墙面仅由墙面板构成，墙面板直接与锚杆连接。

锚杆是锚杆（索）式挡墙的主要受力构件，可为普通钢筋、预应力锚杆或预应力锚索等。锚孔直径 100～150 mm，一般向下倾斜 10°～15°，间距不小于 2m。锚孔内放置钢筋或钢束后，灌注水泥砂浆使其锚固于稳定地层，以具有足够的抗拔力。肋柱截面多为矩形，也有的设计为 T 形，底端一般做成自由端或铰接，如基础埋置深且为坚硬岩石，也可作为固定端。挡土板可采用柄形板、矩形板和空心板。锚杆挡墙适用于边坡高度较大、石料缺乏、挖基困难且具备锚固条件的地区。

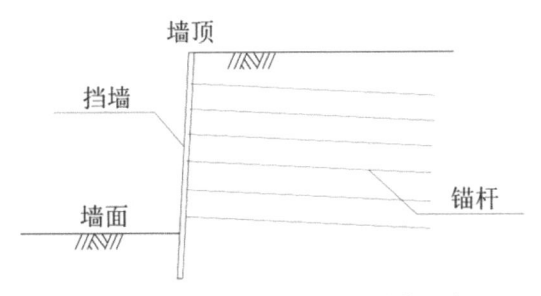

图 5-9 锚杆（索）式挡墙断面结构示意图

锚杆按孔径大小可分为锚索（大锚杆）和小锚杆。锚索所需锚孔孔径较大，采用钻机或锚杆钻机钻孔，钻孔深度可达 50 m 或更深。锚索由数根钢筋或钢丝束抑或钢绞线组成。小锚杆锚孔直径为 38～50 mm，可用普通风钻钻孔，钻孔深度 3～5 m。小锚杆一般为一根钢筋。按地层中的锚固方法可分为楔缝式锚杆和灌浆锚杆。楔缝式锚杆一般用在锚固岩层较为坚硬的地区。小锚杆楔缝较为简单，锚杆插入钻孔后，施加压力，使楔子挤入锚杆端部楔缝，迫使杆端张开，嵌固在岩层上。大锚杆的固定较为复杂，一般要加工特殊锚固装置，使锚杆头上的外夹片嵌固在岩层上。灌浆锚杆分为普通灌浆锚杆、扩孔锚杆、预压锚杆、预应力锚杆。预压锚杆是在灌浆时对水泥砂浆施加一定的压力，预应力锚杆是对锚杆施加张拉控制应力。

根据锚杆的类型可分为非预应力锚杆挡墙和预应力锚杆挡墙。根据挡墙的结构形式，可分为板肋式锚杆挡墙、格构式锚杆挡墙和排桩式锚杆挡墙。其中，排桩式锚杆挡墙宜用于下列边坡：①位于滑坡区或切坡后可能引发滑坡的边坡；②切坡后可能沿外倾软弱结构面滑动、破坏后果严重的边坡；③高度较大、稳定性较差的土质边坡；④边坡塌滑区内有重要建筑物基础的类岩质边坡和土质边坡。在施工期稳定性较好的边坡，可采用板肋式或格构式锚杆挡墙。填方锚杆挡墙在设计和施工时应采取有效措施，防止因新填方土体沉降造成的锚杆附加拉应力过大。高度较大的新填方边坡不宜采用锚杆挡墙。

锚杆可按照弯矩相等（锚杆层数是两层时）或支点反力相等（锚杆层数

大于两层）的原则布置并向下倾斜。锚杆倾斜是为保证灌浆密实，有时也是为了避开邻近的地下管道或浅层不良土质等。每层锚杆与水平面的夹角应不大于45°，宜为15°～25°。布设时，要求考虑墙面构件的预制、运输、吊装和构件受力的合理性，同时要考虑锚杆施工条件、受力条件等。每级肋柱上视肋柱高度可设两层或多层锚杆，一般布置2～3层。若锚杆布置太疏，则肋柱截面尺寸大，锚杆粗而长；但若布置过密，锚杆之间受力的相互作用使锚杆抗拔力受到影响，此时锚杆抗拔力就变得比单根锚杆设计拉力低。为防止出现群锚现象，锚杆间距应不小于2 m。对于多层锚杆挡墙，为了减少墙的位移量，应使中层和低层锚杆缓于上层锚杆的倾斜度。

锚杆钢筋采用带肋钢筋或高强精轧螺纹钢筋，不宜采用镀锌钢筋，直径一般为18～32 mm。锚孔直径应与锚杆直径相配合，一般为锚杆直径的3倍。锚杆应尽量采用单根钢筋，如果单根不能满足拉力需要，也可用两根钢筋共同组成一根锚杆，但每孔钢筋不宜多于3根。

锚杆由非锚固段（即自由段）和有效锚固段组成。非锚固段不提供抗拔力，其长度应根据肋柱与主动破裂面或滑动面的实际距离确定。如果地质条件较好，不太可能形成主动破裂面，则非锚固段长度可以短于到理论破裂面的距离。有效锚固段提供锚固力，其长度应根据锚杆的拉力计算。岩层中的有效锚固长度不宜小于5 m，且不宜大于10 m。

当肋柱为就地灌注时，必须将锚杆钢筋伸入肋柱内，其锚固长度应满足钢筋混凝土结构规范的要求。当采用预制的肋柱时，锚杆与肋柱的连接可采用螺母锚固、弯钩锚固和焊短钢筋锚固等形式。外露金属部分用砂浆包裹加以保护。螺丝端杆应采用延伸性能和可焊性良好的钢材。

钢筋锚杆的防锈措施应选用柔性材料，而不宜采用包混凝土等刚性防护。锚杆未锚入地层部分，必须作好防锈处理。一般在钢筋表面涂两层防锈漆，并缠裹用热沥青浸透的玻璃纤维布两层，以完全隔绝钢筋与土中水及空气的接触。腐蚀环境下，钢筋表面可采用环氧涂层等处理措施。锚杆螺栓与肋柱连接部位无法包裹，是防锈的薄弱环节，应压注水泥砂浆或用沥青水泥砂浆充填其周围并用沥青麻布塞缝，此处应慎重处理。

锚杆挡墙构造设计如下：

(1)锚杆挡墙支护结构立柱的间距宜为 2～6 m。

(2)锚杆挡墙支护中锚杆的设置应符合下列规定：

①锚杆上下排垂直间距、水平间距均不小于 2 m。

②当锚杆间距小于上述规定或锚固段岩土层稳定性较差时，锚杆宜采用长短相间的方式布置。

③第一排锚杆锚固体上覆土层的厚度不宜小于 5 m，上覆岩层的厚度不宜小于 2 m。

④第一锚点位置可设于坡顶下 1.5～2 m 处。

⑤锚杆轴线与水平面的夹角小于 10° 后，锚杆外端灌浆饱满度难以保证，因此建议夹角一般不小于 10°。由于锚杆水平抗拉力等于拉杆强度与锚杆倾角余弦值的乘积，锚杆倾角过大时，锚杆有效水平拉力下降过多，同时将对锚肋作用较大的垂直分力，该垂直分力在锚肋基础设计时不能忽略，同时对施工期锚杆挡墙的竖向稳定不利，因此锚杆倾角宜为 10°～35°。

⑥锚杆布置应尽量与边坡走向垂直，并应与结构面呈较大倾角相交。

⑦立柱位于土层时，宜在立柱底部附近设置锚杆。

(3)立柱/挡板和格构梁的混凝土强度等级应不小于 C25。

(4)立柱的截面尺寸除应满足强度、刚度和抗裂要求外，还应满足挡板的支座宽度、锚杆钻孔和锚固等要求。肋柱截面宽度不宜小于 300 mm，截面高度不宜小于 400 mm，钻孔桩直径不宜小于 500 mm，人工挖孔桩直径不宜小于 800 mm。

(5)立柱基础若于稳定的地内，可采用独立基础、条形基础或桩基础等形式。

(6)对于永久性边坡现浇挡板和拱板，厚度不宜小于 200 mm。

(7)锚杆挡墙立柱宜对称配筋；当第一锚点以上悬臂部分内力较大或柱顶设单锚时，可根据立柱的内力包络图采用不对称配筋方式。

(8)格构梁截面尺寸应按强度、刚度和抗裂要求计算确定，且格构梁截面宽度和截面高度均不宜小于 300 mm。

(9)锚杆挡墙现浇混凝土构件的伸缩缝间距不宜大于 20～25 m。

(10)锚杆挡墙立柱的顶部设置钢筋混凝土构造连梁。

（11）当锚杆挡墙的锚固区内有建（构）筑物基础传递较大荷载时，除应验算挡墙的整体稳定性外，还应适当加长锚杆，并采用长短相间的设置方法。

锚杆施工工艺如下：

（1）按照设计要求，在施工前应做锚杆抗拔力验证试验。

（2）钻孔后，应将孔内粉尘、石渣清理干净。孔轴应保持直线，孔位允许偏差为 50 mm，深度允许偏差为 -10 ～ +50 mm。

（3）锚杆应安装在孔位中心。

（4）锚杆未插入岩层的部分，必须按设计要求作防锈处理。

（5）当在有水地段安装锚杆时，应将孔内的水排出或采用早强速凝药包式锚杆。

（6）宜先插入锚杆然后灌浆，灌浆应采用孔底注浆法，灌浆管应插至距孔底 50 ～ 100 mm，并随水泥砂浆的注入逐渐拔出，灌浆压强宜不小于 0.2 MPa。

（7）砂浆锚杆安装后，不得敲击、摇动。普通砂浆锚杆在 3 天内，早强砂浆锚杆在 12 小时内，不得在杆体上悬挂重物。必须待砂浆达到设计强度的 75% 后，方可安装肋柱、墙板。

（8）安装墙板时，应边安装墙板边进行墙背回填及墙背排水系统施工。

9. 加筋式挡墙

加筋式挡墙是指由填土、拉带和镶面砌块组成的加筋土承受土体侧压力的挡墙（见图 5-10）。加筋式挡墙是在土中加入拉筋，利用拉筋与土之间的摩擦作用，改善土体的变形条件和提高土体的工程特性，从而达到稳定土体的目的。加筋式挡墙一般应用于地形较为平坦且宽敞的填方地块上，在挖方地块或地形陡峭的山坡，由于不利于布置拉筋，一般不宜使用。

在稳定的地基上可采用加筋式挡墙结构，其墙体及基础的断面、加筋材料和长度应根据作用于墙上的各项荷载，分别按墙体外部稳定性和筋材内部稳定性试算确定。由于加筋式挡墙的墙体基础的断面较小，且筋材的铺设和墙后的填土是随着墙体的砌筑上升而上升的，因此计算加筋式挡墙的稳定性需要按施工的顺序分段计算。在上升阶段，要同时满足墙体外部稳定性和筋材内部稳定性的要求。

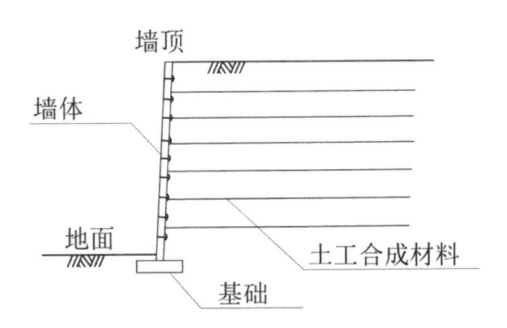

图 5-10 加筋式挡墙断面结构示意图

加筋式挡墙一般包括下列工序：基槽（坑）开挖、地基处理、排水、基础浇（砌）筑、构件预制与安装、筋带铺设、填料填筑与压实、墙顶封闭等。施工要求如下：

（1）加筋式挡墙基坑开挖时，应作好基坑及地面排水，确保施工范围内无积水。严禁积水浸泡基底。

（2）墙面板在运输、吊装及存放过程中，应有可靠的防止面板断裂、保护企口不受损坏的措施。

（3）墙面板安装时，应按不同填料和拉筋预设仰斜坡，板面应适当后倾，确保填土后墙面板垂直度符合设计要求，不得前倾。

（4）拉筋进场后，应妥善保管，尤其是复合土工带、土工格栅、编织土工袋等土工合成材料，严禁暴晒。施工过程中，应随铺设随填筑，尽量减少拉筋暴晒的时间。

（5）帽石分段应与墙身一致。

（6）组合式墙面板钢筋骨架形式、钢筋连接方式应符合《混凝土结构工程施工质量验收规范》（GB 50204—2015）的有关规定。墙面板预埋拉筋连接件形式、与钢筋连接方式、外露宽度应符合设计要求。

（7）包裹式加筋挡墙整体式护墙钢筋骨架形式、钢筋连接方式以及与包裹墙体锚杆连接方式应按有关规定检验。

（8）包裹式加筋式挡墙整体护墙、组合式墙面板、帽石的混凝土强度等级应符合设计要求。

（9）墙后反滤层袋装砂卵砾石层、透水土工布、反滤层最低处隔水层的设置位置、构造尺寸及厚度应符合设计要求。

（10）拉筋应铺设在平整压实的填料上。严禁施工机械在未覆盖填料的筋材上行走。

（11）金属拉筋、拉筋与组合式墙面板、锚杆与护墙预埋钢筋的连接应符合设计要求，并应按设计要求作好防锈、防腐蚀处理。

（12）加筋土体内的泄水管孔径、埋设位置、管身小孔形式应符合设计要求。其向外排水坡应不小于4%，管身和进水口应用透水土工布包裹，并应与护墙身泄水孔连同，确保排水通畅。

（13）加筋式挡墙墙后的填料类别、质量应符合设计要求，土工合成材料作为拉筋的墙后填料不应采用中、强膨胀土和块石类土，不宜采用弱膨胀土，应采用沙土（粉沙、黏沙除外）砾石土、碎石土，也可选用细粒土。

（14）填料应分层填筑、碾压，填料的碾压顺序应从筋带中部压向筋带尾部，再由中部压向面板，全面静压后再振动碾压。填料未压实前，碾压机械不应作90°转向操作。压实机械与面板距离应不小于2 m，在此范围内应采用小型夯实机械或人工夯实。严禁羊足碾碾压。

（15）帽石混凝土钢筋的规格、数量、钢筋骨架形式、钢筋连接方式应符合《混凝土结构工程施工质量验收规范》的有关规定。

（16）对拉式加筋式挡墙左右两侧的墙趾、挡墙身、墙顶高程应相同。

（17）对拉式加筋土挡墙条带式拉筋尾部不得重叠。满铺式拉筋铺设时，应绷紧、铺平，不得褶皱或损坏，包裹压载体后拉筋回折宽度应符合设计要求。

（18）帽石与墙面板应嵌接牢固，墙面板应嵌入帽石之内构成整体。帽石分段应与墙身一致。

加筋土是柔性结构物，能够适应地基轻微的变形，填土引起的地基变形对加筋式挡墙的稳定性影响比对其他结构物小，地基的处理也较简便；它是一种很好的抗震结构物；节约占地，造型美观；造价比较低，具有良好的经济效益。

5.1.4 排水沟

排水沟属于地表排水措施，包括渗沟、跌水、急流槽等多种形式，在露天矿山生态修复治理中,是滑坡等地质灾害治理的首选有力措施之一。

常用的地表排水方法,是在滑坡可能发展的边界 5 m 以外,设置一条或数条环形截水沟,用以拦截普遍引自斜坡上部流向斜坡的水流。通常,沟深和沟底宽度都不小于 0.6 m。为了防止水流的下渗,在滑坡体上也应充分利用自然沟谷,布置成树枝状排水系统,使水流得以汇集旁引。如地表条件许可,在滑坡边缘还可修筑明沟,直接向滑坡两侧稳定地段排水。如果滑坡体内有湿地和泉水露头,则需修筑渗沟与明沟相配合的引水工程;在地表水下渗为滑坡的主要地段,还可修筑不同的隔渗工程。当地表出现裂缝或滑坡体松散易于地表水下渗时,都要及时进行平整夯实,以防地表水渗入。另外,在滑坡地区进行绿化,尤其是种植阔叶树木,也是配合地表排水、促使滑坡稳定的一项有效措施。

坡面、地表的排水设施应结合地形和天然水系进行布设,并作好进出口的位置选择和处理,防止出现堵塞、溢流、渗漏、淤积、冲刷等现象。地表排水沟(管)排放的水流不得直接排入饮用水、养殖池等水源。

排水设施的几何尺寸应根据集水面积、降雨强度、历时、分区汇水面积、坡面径流量、坡体内渗出的水量等因素进行计算确定,并作好整体规划和布置。

截水沟根据具体情况可设一道或数道。设置截水沟的作用是拦截来自边坡或山坡上方的地面水,保护边坡不受冲刷。截水沟的横断面尺寸需经流量计算确定(详见《公路排水设计规范》(JTG/T D33—2012)。为防止边坡损坏,截水沟设置的位置和道数是十分重要的,应经过详细的水文、地质、地形等调查后确定截水沟的位置。截水沟应采取有效的防渗措施,出水口应引伸到边坡范围以外,出口处设置消能设施,确保边坡的稳定性。

跌水和急流槽主要用于陡坡地段的坡面排水,或者用在截、排水沟出水口处的坡面坡度大于 10%、水头高差大于 1 m 的地段,达到水流的消能和减缓流速的目的。跌水和急流槽的设计可参考现行行业标准《公路排水设计规范》(JTG/T D33—2012)的有关规定执行。

排水沟断面形状可为矩形、梯形、复合形及 U 形等(见图 5-11)。矩形、梯形断面排水沟,易于施工,维修清理方便,具有较大的水力半径和输移力,在滑坡防治排水工程设计时应优先考虑。

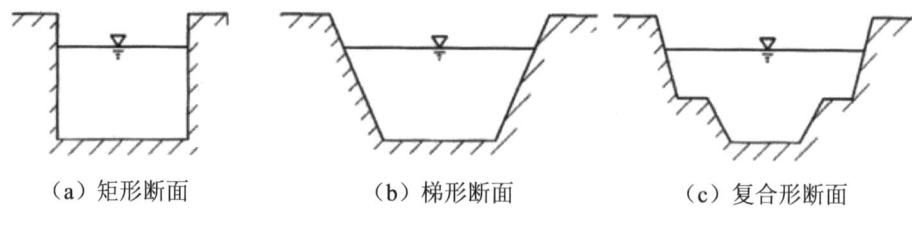

（a）矩形断面　　　　（b）梯形断面　　　　（c）复合形断面

图 5-11　排水沟断面形状

排水沟在滑坡治理、地表排水、土地平整区、斜坡面排水中所采用的构造技术要点不尽相同。

（1）滑坡区截、排水工程技术要点

①外围截水、排水沟应设置在滑坡体或老滑坡后缘，远离裂缝 5 m 以外的稳定斜坡面上，依地形而定，平面上多呈"人"字形展布。沟底比降无特殊要求，以能顺利排出拦截地表水为原则。根据外围坡体结构，截水沟迎水面需设置泄水孔，推荐尺寸为 100 mm×100 mm ～ 300 mm×300 mm。

②当排水沟通过裂缝时，应设置成叠瓦式的沟槽，可用土工合成材料或钢筋混凝土预制板制成。

③有明显开裂变形的坡体，应及时用黏土或水泥浆填实裂缝，整平积水坑、洼地，使降雨能迅速沿排水沟汇集、排走。

④滑坡体上若有水田，应改为旱地耕作。若有积水的池、塘、库，应停止耕作。滑坡体后缘（外围），若分布有可能影响滑坡积水的池、塘、库时，宜停止耕作；否则，其底和周边均应实施防渗工程。

⑤排水沟进出口平面布置，宜采用喇叭口或八字形导流翼墙。导流翼墙长度可取设计水深的 3 ～ 4 倍。

⑥当排水沟断面变化时，应采用渐变段衔接，其长度可取水面宽度之差的 5 ～ 20 倍。

⑦排水沟的安全超高，不宜小于 0.4 m，最低应不小于 0.3 m；对套曲段凹岸，应考虑水位壅高的影响。

⑧排水沟弯曲段的弯曲半径，应不小于最小容许半径及沟底宽度的 5 倍。最小容许半径可按下式计算：

$$R_{\min}=1.1vA^{1/2}+12$$

式中：$R_{\min}$ 为最小容许半径（m），v 为沟道中水流流速（m/s），A 为沟道过水断面面积（m²）。

⑨在排水沟纵坡变化处，应避免上游产生壅水。断面变化时，宜改变沟道宽度，深度保持不变。

⑩设计排水沟的纵坡时，应根据沟线、地形、地质以及与山洪沟连接条件等因素确定，并进行抗冲刷计算。当自然纵坡大于1:20或局部高差较大时，可设置陡坡或跌水。

⑪跌水和陡坡进出口段应设导流翼墙，与上下游沟渠护壁连接。梯形断面沟道，多做成渐变收缩扭曲面；矩形断面沟道，多做成"八"字墙形式。

⑫陡坡和缓坡连接剖面曲线，应根据水力学计算确定。跌水和陡坡段下游，应采用消能和防冲措施。当跌水高差在5 m以内时，宜采用单级跌水；当跌水高差大于5 m时，宜采用多级跌水。

⑬排水沟宜用浆砌片石或块石砌成，当地质条件较差时，如坡体松软段，可用毛石混凝土或素混凝土修建。砌筑排水沟砂浆的标号，宜用M4.5～M10。对于用坚硬的块、片石砌筑的排水沟，可用比砌筑砂浆高一级标号的砂浆进行勾缝，且以勾阴缝为主。毛石混凝土或素混凝土的标号，宜用C10～C15。

⑭陡坡和缓坡段沟底及边墙，应设伸缩缝，缝间距为10～15m。伸缩缝处的沟底，应设齿前墙。伸缩缝内应设止水或反滤盲沟，或两者同时采用。

（2）地表截、排水工程技术要点

① 截、排水工程应根据矿区实际情况合理地选定设计标准。

② 截、排水工程具体参数计算详见《灌溉与排水工程设计标准》（GB 50288—2018）。

③ 排水沟进出口平面布置，宜采用喇叭口或八字形导流翼墙。导流翼墙长度可取设计水深的3～4倍。

④ 当排水沟断面变化时，应采用渐变段衔接，其长度可取水面宽度之差的5～20倍。

⑤ 排水沟的安全超高，不宜小于0.4 m，最低不小于0.3 m；对弯曲段凹岸，应考虑水位壅高的影响。

⑥ 在排水沟纵坡变化处，应避免上游产生壅水。断面变化时，宜改变沟道宽度，深度保持不变。

⑦ 设计排水沟的纵坡时，应根据沟线、地形、地质以及与山洪沟连接条件等因素确定，并进行抗冲刷计算。当自然纵坡大于 1:20 或局部高差较大时，可设置陡坡或跌水。

⑧ 跌水和陡坡进出口段应设导流翼墙，与上、下游沟渠护壁连接。梯形断面沟道，多做成渐变收缩扭曲面；矩形断面沟道，多做成"八"字墙形式。

⑨ 陡坡和缓坡连接剖面曲线，应根据水力学计算确定。跌水和陡坡段下游，应采用消能和防冲措施。当跌水高差在 5 m 以内时，宜采用单级跌水；当跌水高差大于 5 m 时，宜采用多级跌水。

⑩ 排水沟宜用浆砌片石或块石砌成，当地质条件较差时，如坡体松软段，可用毛石混凝土或素混凝土修建。砌筑排水沟砂浆的标号，宜用 M4.5～M10。对于用坚硬的块、片石砌筑的排水沟，可用比砌筑砂浆高一级标号的砂浆进行勾缝，且以勾阴缝为主。毛石混凝土或素混凝土的标号，宜用 C10～C15。

⑪ 陡坡和缓坡段沟底及边墙，应设伸缩缝，缝间距为 10～15 m。伸缩缝处的沟底，应设齿前墙。伸缩缝内应设止水或反滤盲沟，或两者同时采用。

（3）土地平整区截、排水工程技术要点

土地平整区截、排水工程应满足治理后的用地要求，满足截水、排水的要求。

① 沟系布置

a. 根据土地平整工程规模，治理区内宜布置 2～3 级固定排水明沟，各级排水明沟宜相互垂直布置，排水线路宜短而直。

b. 排水沟宜布置在低洼地带，并尽量利用天然河沟和原有排水沟作为骨干排水沟，以减少工程量，并维护生态系统的稳定。

c. 排水沟出口应尽量采用自排方式。当治理区内高差较大、部分地块具备自流条件时，应考虑分片排水。

d. 排水明沟应与边坡或截水沟结合布置。

② 间距与深度

排水沟的间距与深度应满足排涝要求，按相应的排水标准设计并经综合分析确定。

③ 纵横断面

a. 土质排水沟宜采用梯形或复式断面，石质排水沟可采用矩形断面。

b. 排水沟应保证设计排水能力，设计水位距地面（或堤顶）不少于 0.2 m。

c. 土质排水沟边坡系数应满足稳定性要求。最小边坡系数宜符合表 5-4 的标准。

d. 排水沟沟底比降应满足上下级水位衔接及不冲、不淤要求，宜与沟道沿线地面坡度接近。

表 5-4 土质排水沟最小边坡系数表

土质	排水沟开挖深度 /m		
	≤ 1.50	1.50 ～ 2.50	> 2.50
黏土	1.00	1.25 ～ 1.50	1.50 ～ 2.00
粉质黏土	1.50	1.75 ～ 2.00	2.00 ～ 2.50
粉土	1.75	2.00 ～ 2.50	2.50 ～ 3.00
沙土	2.00	2.50 ～ 3.00	3.50 ～ 5.00

（4）斜坡坡面截、排水工程技术要点

① 坡面排水工程设计应考虑工程地质、水文地质条件及降雨条件等因素。

② 坡面排水的合理布置，应有利于将水流直接引离边坡，并通过截、排水设施截走水流。在边坡坡顶、坡面、坡脚和水平台阶处应设排水系统。可根据工程需要在坡顶设置截水沟，保证上部集水面积的汇流不对边坡形成冲刷。另外，在边坡平台上也应设置截水沟。坡面排水还应在坡面上设置横向或纵向排水沟。为避免水流方向的突然改变，应在坡面上设置急流槽。为使边坡具有防冲蚀能力，可设置多级跌水等。

③ 排水沟渠纵坡坡度和出水口间距的设计，应使沟内水流的流速不超过沟渠最大允许流速，超过时，应对沟壁采取冲刷防护措施。

④ 为防止沟渠淤塞，沟底纵坡坡度一般不宜小于 0.5%。

⑤ 沟渠的顶面高度应高出设计水位 0.1 ～ 0.2 m。

⑥ 布置排水设施时，应考虑将来维修方便。

（5）排水沟施工技术要点

在露天矿山生态修复中，排水沟一般采用砌石结构。

① 施工放线

首先，根据路基有关参数，用全站仪放出路基边沟和排水沟的位置中轴线，并测出相应标高，在地面上标出里程桩号以及标高，并根据交底结果，用白灰或线绳拉出沟的相应轮廓线，标示出相应的开挖深度。

② 基础开挖

在基础开挖开始之前通知监理工程师，以便检查、测量基础平面位置和现有地面标高。在未完成检查测量及监理工程师批准之前不得开挖。为便于开挖后检查校核，基础轴线控制桩应延长至基坑外加以固定。

根据测量组放出的开挖线，清除施工区域内的树木、草皮、树根等杂物、障碍物，然后人工开挖基础土石方。开挖过程中，密切关注边坡稳定性，如发现坑边缘顶面土有裂纹情况出现，应及时作可靠的支撑，并得到监理工程师的认可。在距设计基础标高 20 cm 左右时，请监理工程师验基并清底。

基础挖方应始终保持良好的排水，以保证在挖方的整个施工期间不遭受水的危害。

基坑开挖至图纸规定基底标高后，如基底承载力达不到设计规定的承载力要求时，根据实际钻探（或挖探）及土壤实验资料，提出地基处理的方案，报告监理工程师审查，并按监理工程师的指示处理。开挖的基坑未经监理工程师批准之前，不得砌筑圬工。

基坑开挖完毕，报请监理工程师到现场监督检验，依检验情况填写地基检验表，报请监理工程师复验批准后，方可进行基础施工。

开挖和砌筑中，认真按测放桩点控制，砌体表面必须拉线立架，保证墙面平整、坡度正确。

作好挖基前周围的排水处理。基坑成形后，应认真核对，不符合承载力要求的及时报监理工程师检查决定后，按可行的方案进行处理，以保证砌筑前的基础最终达到设计标准。

③ 砌筑

首先，砌筑采用坐浆法进行施工，严禁采用灌浆法。

砌块在使用前必须用水湿润，表面如有泥土、水锈，应清洗干净。砌筑沟底前，如基底为岩层，应先将基底表面清洗、湿润，再坐浆砌筑；如基底为土质，可直接坐浆砌筑。

由于水沟尺寸厚度较薄，宜选用适当的石块，并符合规定强度。砌筑时，应分层砌筑，每层砌筑前，应先铺砂浆，然后再砌筑页岩砖和填缝，砌体外露面应进行勾缝。

各层砌块应安放稳固，砂浆应饱满，黏结牢固，不得直接贴靠或脱空。砌筑时，底浆应铺满，竖缝砂浆应先在已砌砖块侧面填放一部分，然后于砖块放好后填满捣实。用小石子混凝土填塞竖缝时，应以扁铁捣实。

砌筑上层砌块时，应避免震动下层砌块，砌筑工作中断后恢复砌筑时，已砌筑的砌层表面应予以清扫和湿润。

④勾缝养生

沟体砌筑完毕后，用水泥进行勾缝。在上述工作完成以后，可根据天气的情况，进行适当的养生。

5.1.5 边坡支护

5.1.5.1 喷射混凝土

喷射混凝土是将水泥、沙、石按一定的比例混合搅拌后，送入混凝土喷射机中，用压缩空气将干拌和料压送到喷头处，在喷头的水环处加水后，高速喷射到岩石表面，起支护作用的一种支护形式和施工方法。它是由巷道支护技术演变到地上露天边坡、构筑物加固的一种快捷有效的加固手段，具有自己的独特优势。

混凝土由喷嘴喷出的速度达到 $60 \sim 80$ m/s，高速喷射时，水泥与集料反复连续撞击压密混凝土。由于采用较小的水灰比（$0.4 \sim 0.5$），所以混凝土、砖石、钢材有很高的黏结强度。与钢筋网联合使用可很好地在结合面上传递拉应力和剪应力，具有较高的力学性能和良好的耐久性，能大幅度地提高砌体承载力，加强整体性。同时，喷射混凝土被高速喷射到边坡岩石表面的节理、裂隙中，把节理、裂隙分隔的岩体联结起来，有效地阻止岩块的松动和滑移。喷射混凝土形成一种紧贴岩面的封闭层，使其成形圆滑规整，隔绝了水和空气对岩石的风化和剥蚀，有效减少边坡岩石的暴露时间，防止因边坡岩石风化、剥蚀而影响岩体自身的稳定性，能有效减轻露天矿山开采边坡的崩塌、滑坡等地质灾害。

喷射混凝土包括干法喷射混凝土、湿法喷射混凝土两种类型。

干法喷射混凝土的特点：密封性能良好，辅料连续均匀；生产能力（混合料）为 3～5 m^3/h；允许输送的骨料最大粒径为 25 mm；输送距离（混合料）水平不小于 100 m、垂直不小于 30 m。

湿法喷射混凝土的特点：密封性能良好，辅料连续均匀；生产率大于 5 m^3/h；允许输送的骨料最大粒径为 15 mm；混凝土输送距离（混合料）水平不小于 30 m、垂直不小于 20 m；机房粉尘小于 10 mg/m^3。

喷射混凝土施工工艺流程为：凿除粉刷层—除尘—加固面喷水湿润—编设固定钢筋网—拌混合料—喷射—养护。

施工工序及施工工艺具体如下。

1. 主要材料

（1）沙：中粗沙，细度模数大于 2.5，用 5 mm 筛网过筛，大于 5 mm 和小于 0.075 mm 的颗粒不得超过 20%。沙子过粗，会增加回弹，沙子过细，会使干缩增大。

（2）石子：卵石或碎石均可，以卵石为好，卵石对设备磨损小，也不易造成管路堵塞。为减少回弹，卵石粒径不宜大于 20 mm，亦不宜小于 5 mm。不得采用含有活性二氧化硅的石材作骨料，以免发生碱骨料反应。

（3）水：喷射混凝土用水要求与普通混凝土相同，不得使用污水、pH 小于 4 的酸性水、含硫酸盐按 SO_4 计超过水重 1% 的水及海水。

（4）速凝剂：使用速凝剂的主要目的是使喷射混凝土速凝快硬，减少回弹损失，防止喷射混凝土因重力作用引起的脱落。为提高在潮湿环境中的适应性能，可适当加大一层喷射厚度和缩短喷射层间的间隔时间。通常采用液体速凝剂，满足初凝时间在 5 min 以内，终凝时间在 12 min 以内，8 小时后的强度不小于 0.3 MP，28 天强度应不低于不加速凝剂试件强度的 70%。

（5）减水剂：喷射混凝土中加入少量的减水剂，可在保持混凝土流动性的条件下显著降低水灰比，提高混凝土强度，减少回弹，并明显地增强其不透水性和抗冻性。

2. 搅拌和运输

将满足要求的水泥、沙、石子、水、速凝剂、减水剂按配合比加入搅拌机进行搅拌，搅拌好的成品混凝土用专用运输设备运至喷射地点并加入湿喷机料斗，然后根据湿喷机操作规程进行喷射。湿喷混凝土的配合比是根据混凝土和易性（坍落度 8～15 cm）与混凝土强度条件进行试验确定的，实际施工中可视使用量的多少使用商品混凝土。

3. 设备

设备有湿喷机、搅拌机、运输车辆等。如使用商品混凝土，则现场不必配置搅拌机。

4. 喷射手的职责

将拌好的混凝土料装入喷射机料斗进行喷射，喷射手的操作技艺是喷射混凝土作业获得成功的关键。喷射手的主要职责如下：

（1）用压缩空气或压力水将所有待喷面吹净，吹除待喷面上的松散杂质或尘埃；

（2）保证喷射速度适当，以利于混凝土压实；

（3）使喷嘴与受喷面间保持适当距离，喷射角度尽可能接近 90°，以便获得最大的压实力和最小的回弹；

（4）正确掌握喷射顺序，不使角隅处及钢筋背面出现蜂窝或砂囊；

（5）当开始或停止喷射时，给喷射机司机以信号，当料流不能从喷嘴均匀喷出时，也应通知喷射机司机停止作业；

（6）及时清除受喷面上的砂囊或下垂的混凝土，以便重新喷射；

（7）喷射工作结束时，认真清洗喷嘴。

5. 待喷面的准备工作

在修理损坏了的结构时，首先要清除松散物质，用压力水彻底冲洗，再将积水吹走。

6. 模板与钢筋的安设

（1）模板

模板要制作得平直并符合尺寸要求。模板安设要坚固、稳定，在喷射混凝土前，模板要涂油。

（2）钢筋

当设计和配置的钢筋对喷射混凝土工作干扰最小时，才能获得最致密的喷射混凝土。尽可能使用直径较小的钢筋，必须使用大直径钢筋时，应特别注意用混凝土把钢筋握裹好。当喷射两层或多层配筋结构时，外层钢筋不应正对内层钢筋，而应交错地排列，或采用分次配筋，即里层钢筋埋入第一层喷射混凝土内，再敷设第二层钢筋和施作第二层喷射混凝土。钢筋不应当拼接，而应当在一定搭接长度范围内，使钢筋间距不小于 50 mm、平行钢筋间距不小于 80 mm。

7. 喷射机的操作

喷射机的操作可影响回弹、混凝土的密实性和料流的均匀性。要正确地控制喷射机的工作风压和保证喷嘴料流的均匀性。喷射机处的工作风压应根据适宜的喷射速度而进行调整。若工作风压过高，即喷射速度过大，动能过大，则使回弹增加；若工作风压过低，压实力小，则影响混凝土强度。喷射机的料流要均匀一致，以保证速凝剂在混凝土中均匀分布。

8. 喷嘴的操作

（1）喷嘴与受喷面间的角度

在喷敷平整的受喷面时，喷嘴与受喷面垂直；在喷射内部角隅时，应在两个受喷面夹角处，喷嘴沿角平分线方向进行喷敷，角隅被填满成一个曲面后，再向两侧壁面逐渐延伸，然后按与壁面成 90° 的角度进行喷敷；对于外部角隅，可将喷嘴垂直地先对准一个受喷面喷敷，然后再喷敷角隅的另一侧。

（2）喷嘴与受喷面间的距离

喷嘴与受喷面的最佳距离一般为 0.8～1 m。

（3）喷嘴移动

喷嘴指向一个地点的时间不应过久，因为这样会增加回弹并难以取得均匀的厚度。好的喷敷方法是横过混凝土面将喷嘴稳定而系统地做圆形或椭圆形移动，喷嘴有节奏地做一系列环形移动，可形成均匀的厚度和最小回弹，喷射手所画的环形圈应为横向 40～60 cm、高 15～20 cm。

9. 分层喷射

对于新鲜喷射的混凝土，其抗拉强度和黏结强度都很低，一旦喷射混凝土的自重大于其与受喷面的黏结强度时，即出现下垂及脱落，因此需要分层喷射。前后层喷射的间隔时间为 2～4 h，一次喷射厚度以喷射混凝土不滑移、不坠落为度，适宜的一次喷射厚度见表 5-5。

表 5-5　一次喷射厚度

喷射方向	一次喷射厚度（加速凝剂）/mm	一次喷射厚度（不加速凝剂）/mm
向上	50～70	30～50
水平	70～100	60～70
向下	100～150	100～150

10. 施工缝的留置

要使喷射混凝土成功，合理地设置施工缝是重要的。对于厚度为 75 mm 的喷层，宜在 200～300 mm 的宽度范围内喷筑成斜面。当喷层厚度增大时，斜面宽度应相应增加。在倾斜的喷射面上，清除浮沫和回弹物后，用压力水冲洗湿润，即可继续后续的喷射混凝土。

11. 表面整修

喷射面自然整平，不论从结构强度还是耐久性方面来讲，都是可取的。进一步追加整修往往是有害的，它会损害喷射混凝土与钢筋之间或喷射混凝土与底部材料之间的黏结，且在混凝土内部产生裂缝。然而，喷射面自然整平过于粗糙，而要求表面光滑和外形美观的地方，必须使用特殊的整平方法，即在混凝土初凝后（即喷射后 15～20 min），用刮刀将模板或基线以外多余的材料刮掉，然后再用喷浆或抹灰浆找平。在喷敷最后一层混凝土时，喷射手常常借助导线和导板取得一致的断面。另一保证厚度均匀的方法是：先喷筑一些混凝土条，然后在它们之间喷至适当厚度，这些条要先硬结，随后在条带的中间区域用新鲜的混凝土填充，硬结的条带作为抹平时的导轨。

12. 喷射混凝土的养护

喷射混凝土终凝 2 h 后，应喷水养护，养护时间不少于 14 个昼夜。冬季施工时，喷射混凝土作业区的气温应不低于 +5℃，拌和料进入喷射机时的温度不能低于 +5℃。

5.1.5.2 锚杆（索）

锚杆是能将张拉力传递到稳定的或适宜的岩土体中的一种受拉杆件（体系），一般由锚头、杆体自由段和杆体锚固段组成。当采用钢绞线或钢丝束作杆体材料时，可称为锚索。根据锚固段灌浆体受力的不同，主要分为拉力型、压力型、荷载分散型（拉力分散型与压力分散型）等。拉力分散型锚杆（见图5-12）锚固段灌浆体受拉，浆体易开裂，防腐性能差，但易于施工；压力分散型锚杆（见图5-13和图5-14）锚固段灌浆体受压，浆体不易开裂，防腐性能好，承载力高，可用于永久性工程。

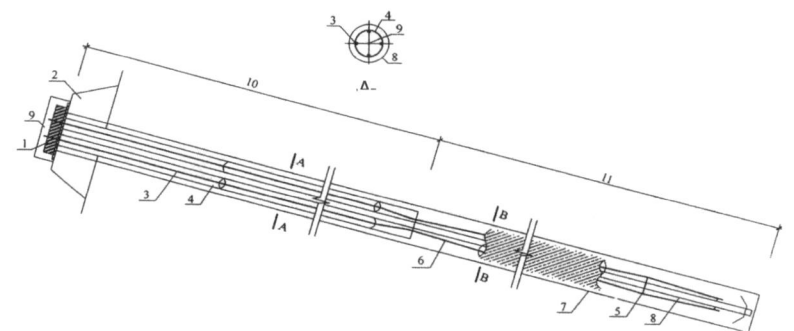

1—锚具；2—垫座；3—涂塑钢绞线；4—光滑套管；5—隔离架；6—无包裹钢绞线；
7—钻孔壁；8—注浆管；9—保护罩；10—自由段区；11—锚固段区

图 5-12 拉力分散型锚杆结构图

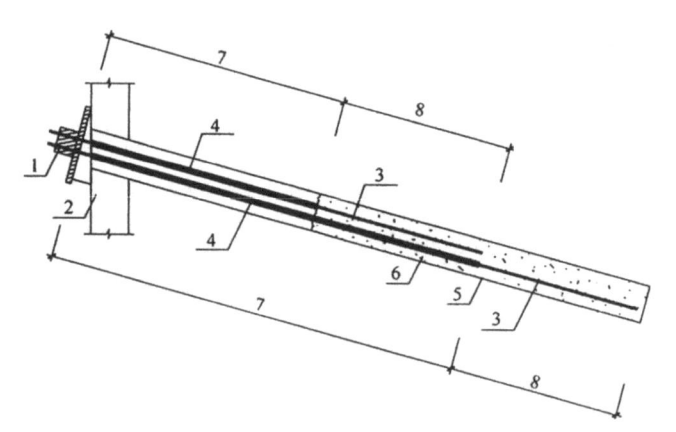

1—锚头；2—支护结构；3—杆体；4—保护套管；5—锚杆钻孔；6—锚固段泄浆体；
7—自由段区；8—锚固段区

图 5-13 压力分散型锚杆结构图（一）

1—锚头；2—支护结构；3—杆体；4—保护套管；5—锚杆钻孔；6—锚固段泄浆体；
7—自由段区；8—锚固段区；9—承载板（体）

图 5-14　压力分散型锚杆结构图（二）

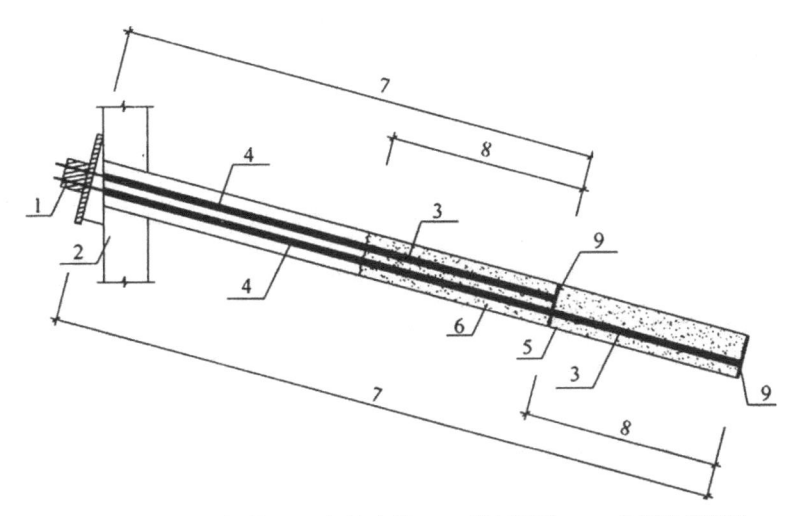

1. 锚杆（索）原材料

（1）锚杆（索）原材料性能应符合国家现行标准的有关规定，并应满足设计要求，方便施工，且材料之间不应产生不良影响。

（2）锚杆（索）杆体可使用普通钢材、精轧螺纹钢、钢绞线（包括无黏结钢绞线和高强钢丝），其材料尺寸和力学性能可参照《建筑边坡工程技术规范》（GB 50330—2013）的有关规定执行。

对于非预应力全黏结型锚杆，当锚杆承载力标准值低于 400 kN 时，采用Ⅱ、Ⅲ级钢筋能满足设计要求，其构造简单、施工方便。承载力设计值较大的预应力锚杆，宜采用钢绞线或高强钢丝。一是因为其抗拉强度远高于Ⅱ、Ⅲ级钢筋，能满足设计值要求，同时可大幅度地降低钢材用量；二是预应力锚杆需要的锚具、张拉机具等配件有成熟的配套产品，供货方便；三是其产生的弹性伸长总量远高于Ⅱ、Ⅲ级钢筋，锚头松动、钢筋松弛等原因引起的预应力损失值也要小得多；四是钢绞线、钢丝的运输、安装较粗钢筋方便，在狭窄的场地也可施工。

高强精轧螺纹钢适用于中级承载能力的预应力锚杆，有钢绞线和普通粗钢筋的类同优点，其耐久性和可靠性较高。当锚杆处于水下或腐蚀性较强的地层中,且需预应力时,宜优先采用。镀锌钢材在酸性土质中易发生化学腐蚀,产生"氢脆"现象,因此不宜采用。

(3)灌浆材料性能应符合下列规定:

① 水泥宜使用普通硅酸盐水泥,需要时可采用抗硫酸盐水泥;

② 沙的含泥量按重量计不得大于 3%,沙中云母、有机物、硫化物和硫酸盐等有害物质的含量按重量计不得大于 1%;

③ 水中不应含有影响水泥正常凝结和硬化的有害物质,不得使用污水;

④ 外加剂的品种和量应由试验确定;

⑤ 灰沙比宜为 0.8～1.5,水灰比宜为 0.38～0.5;

⑥ 浆体材料 28 天的无侧限抗压强度应不低于 25 MPa。

(4)锚具应符合下列规定:

① 预应力筋用锚具、夹具和连接器的性能均应符合现行国家标准《预应力筋用锚具、夹具和连接器》(GB/T 14370—2015)的规定;

② 预应力锚具的锚固效率应至少发挥预应力杆体极限抗拉力的 95% 以上,达到实测极限拉力时的总应变应小于 2%;

③ 锚具应具有补偿张拉和松弛的功能,需要时可采用可以调节拉力的锚头;

④ 锚具罩应采用钢材或塑料材料制作加工,需完全罩住锚杆头和预应力筋的尾端,与支承面的接缝应为水密性接缝。

(5)套管材料和波纹管应符合下列规定:

① 具有足够的强度,保证其在加工和安装过程中不损坏;

② 具有抗水性和化学稳定性;

③ 与水泥浆、水泥砂浆或防腐油脂接触无不良反应。

(6)防腐材料应符合下列规定:

① 在锚杆设计使用年限内,保持其防腐性能和耐久性;

② 在规定的工作温度内或张拉过程中,不得开裂、变脆或成为流体;

③ 应具有化学稳定性和防水性,不得与相邻材料发生不良反应,不得对锚杆自由段的变形产生限制和不良影响。

(7)导向帽、隔离架应由钢、塑料或其他对杆体无害的材料制成,不得使用木质隔离架。

2. 构造设计

（1）锚杆总长度应为锚固段、自由段和外锚头的长度之和，并应符合下列规定：

① 锚杆自由段长度应为外锚头到潜在滑裂面的长度；预应力锚杆自由段长度应不小于 5 m，且应超过潜在滑裂面 1.5 m；

② 锚固段长度应按《建筑边坡工程技术规范》（GB 50330—2013）的相关规定进行计算，并取其最大值。同时，土层锚杆的锚固段长度应不小于 5 m，并不宜大于 10 m；岩石锚杆的锚固段长度应不小于 3 m，且不宜大于 45D 和 6.5 m，预应力锚索不宜大于 55D 和 8 m；

③ 位于软质岩中的预应力锚索，可根据地区经验确定最大锚固长度；

④ 当计算锚固段长度超过构造要求长度时，应采取改善锚固段岩土体质量、压力灌浆、扩大锚固段直径、采用荷载分散型锚杆等措施，提高锚杆承载能力。

（2）锚杆的钻孔应符合下列规定：

① 钻孔内的锚杆钢筋面积不超过钻孔面积的 20%；

② 钻孔内的锚杆钢筋保护层厚度，永久性锚杆应不小于 25 mm，临时性锚杆应不小于 15 mm。

（3）锚杆轴线与水平面的夹角小于 10° 后，锚杆外端灌浆饱满度难以保证，因此建议夹角一般不小于 10°。由于锚杆水平抗拉力等于拉杆强度与锚杆倾角余弦值的乘积。锚杆倾角过大时，锚杆有效水平拉力下降过多，同时将对锚肋作用较大的垂直分力。该垂直分力在锚肋基础设计时不能忽略，同时对施工期锚杆挡墙的竖向稳定不利，因此，锚杆倾角宜为 10°～35°，并应避免对相邻构筑物产生不利影响。

（4）锚杆隔离架应沿杆轴线方向每隔 1～3 m 设置 1 个，土层应取小值，岩层可取大值。

（5）预应力锚杆传力结构应符合下列规定：

① 预应力锚杆传力结构应有足够的强度、刚度、韧性和耐久性；

② 强风化或软弱破碎岩质边坡和土质边坡宜采用框架格构型钢筋混凝土

传力结构；

③ 对于Ⅰ、Ⅱ类及完整性好的Ⅲ类岩质边坡，宜采用墩座或地梁型钢筋混凝土传力结构；

④ 传力结构与坡面的结合部位应作好防排水设计及防腐处理；

⑤ 承压板及过渡管宜由钢板和钢管制成，过渡管钢管壁厚不宜小于5 mm。

（6）当锚固段岩体破碎渗（失）水量大时，应对岩体作灌浆加固处理，可达到密封裂隙、封阻渗水、保证和提高锚固性能的效果。

（7）永久性锚杆的防腐蚀处理应符合下列规定：

① 非预应力锚杆的自由段位于岩土层中时，可采用除锈、刷沥青船底漆和用沥青玻纤布缠裹两层等方式进行防腐蚀处理。

② 对于采用钢绞线、精轧螺纹钢制作的预应力锚杆（索），其自由段作防腐蚀处理后装入套管中；自由段套管两端100～200 mm长度范围内用黄油充填，外绕扎工程胶布固定。

③ 对于位于无腐蚀性岩土层内的锚固段，水泥浆或水泥砂浆保护层厚度应不小于25 mm；对于位于腐蚀性岩土层内的锚固段，应采取特殊防腐蚀处理，且水泥浆或水泥砂浆保护层厚度应不小于50 mm。

④ 经过防腐蚀处理后，非预应力锚杆的自由段外端应埋入钢筋混凝土构件内50 mm以上；对于预应力锚杆，其锚头的锚具经除锈、涂防腐漆三度后，应采用钢筋网罩、现浇混凝土封闭，且混凝土强度等级应不低于C30，厚度应不小于100 mm，混凝土保护层厚度应不小于50 mm。

（8）临时性锚杆的防腐可采取下列处理措施：

① 非预应力锚杆的自由段，可采用除锈后刷沥青防锈漆处理；

② 预应力锚杆的自由段，可采用除锈后刷沥青防锈漆或加套管处理；

③ 外锚头可采用外涂防腐材料或外包混凝土处理。

3. 施工

（1）锚杆施工前应做好下列准备工作：

① 应掌握锚杆施工区建（构）筑物基础地下管线等情况；

② 应判断锚杆施工对邻近建筑物和地下管线的不良影响，并制定相应预防措施；

③ 编制符合锚杆设计要求的施工组织设计，并应检验锚杆的制作工艺和张拉锁定方法与设备，确定锚杆注浆工艺并标定张拉设备；

④ 应检查原材料的品种、质量和规格型号，以及相应的检验报告。

（2）锚孔施工应符合下列规定：

① 锚孔定位偏差不宜大于 20 mm；

② 锚孔偏斜度应不大于 2%；

③ 钻孔深度超过锚杆设计长度应不小于 0.5 m。

（3）钻孔机械应考虑钻孔通过的岩土类型、成孔条件、锚固类型、锚杆长度、施工现场环境、地形条件、经济性和施工速度等因素。在不稳定地层中或地层受扰动导致水土流失，会危及邻近建筑物或公用设施的稳定时，应采用套管护壁钻孔或干钻。

（4）锚杆的灌浆应符合下列规定：

① 灌浆前应清孔，排放孔内积水。

② 注浆管宜与锚杆同时放入孔内。当向水平孔或下倾孔内注浆时，注浆管出浆口应插入距孔底 100～300 mm 处，浆液自下而上连续灌注。当向上倾斜的钻孔内注浆时，应在孔口设置密封。

③ 孔口溢出浆液或排气管停止排气并满足注浆要求时，可停止注浆。

④ 根据工程条件和设计要求确定灌浆方法和压力，确保钻孔灌浆饱满和浆体密实。

⑤ 浆体强度检验所用试块的数量，每 30 根锚杆应不少于一组，每组试块应不少于 6 个。

（5）预应力锚杆锚头承压板及其安装应符合下列规定：

① 承压板应安装平整、牢固，承压面应与锚孔轴线垂直；

② 承压板底部的混凝土应填充密实，并满足局部抗压强度要求。

（6）预应力锚杆的张拉与锁定应符合下列规定：

① 锚杆张拉宜在锚固体强度大于 20 MPa 并达到设计强度的 80% 后进行。

② 锚杆张拉顺序应避免相近锚杆相互影响。

③ 锚杆张拉控制应力不宜超过 0.65 倍钢筋或钢绞线的强度标准值。

④ 锚杆进行正式张拉之前，应取 0.1～0.2 倍锚杆轴向拉力值，对锚杆

预张拉 1～2 次，使其各部位的接触紧密和杆体完全平直。

⑤宜进行锚杆设计预应力值 1.05～1.1 倍的超张拉，预应力保留值应满足设计要求。针对地层及对锚固结构位移控制要求较高的工程，预应力锚杆的锁定值宜为锚杆轴向拉力特征值。针对容许地层及锚固结构产生一定变形的工程，预应力锚杆的锁定值宜为锚杆设计预应力值的 0.75～0.9 倍。

（7）锚杆（索）施工主要工艺流程为：施工准备—施工成孔—锚杆制作及安装—注浆、锚固—张拉—注浆封孔—外部保护—竣工交验。

5.1.5.3 预应力锚杆（索）格构梁

预应力锚杆（索）技术主要是通过锚杆（索）对低层周边的岩土抗剪强度进行结构拉力的传递。预应力锚杆（索）格构梁的使用可以使锚固的底层形成一定的压应力区域，具有加筋的作用效果，而且还可以有效地提高地层的强度，使预应力锚杆（索）格构梁紧密地连接在一起，形成一个具有较高强度的复合体系，对阻止边坡滑动起到了有效的作用。

格构的主要作用是将边坡坡体的剩余下滑力或土压力、岩石压力分配给格构结点处的锚杆或锚索，然后通过锚索传递给稳定地层，从而使边坡坡体在由锚杆或锚索提供的锚固力的作用下处于稳定状态。因此，就格构本身来讲，其仅仅是一种传力结构，而加固的抗滑力主要由格构结点处的锚杆或锚索提供。

边坡格构具有布置灵活、格构形式多样、截面调整方便、与坡面密贴、可随坡就势等显著优点。并且框格内视情况可通过挂网（钢筋网、铁丝网或土工网）、植草、喷射混凝土进行防护，也可用现浇混凝土（钢筋混凝土或素混凝土）进行加固。

根据格构的特点和作用，对于具有不同稳定性的边坡，应采用不同的格构形式和锚固形式的组合进行加固或坡面防护。例如，当边坡定性好，但因前缘表层开挖失稳出现塌滑时，可用浆砌块石格构护坡，并用锚杆锚固；如果边坡稳定性差，可用现浇钢筋混凝土格构加锚杆（索）进行加固；而对于稳定性差、下滑力大的滑坡，可用预制预应力混凝土格构加预应力锚杆（索）进行加固。

锚杆分为全长黏结型锚杆、端头锚固型锚杆、摩擦型锚杆、预应力锚杆和自钻式锚杆等多种类型。

1. 全长黏结型锚杆

全长黏结型锚杆杆体材料宜采用Ⅰ、Ⅱ级钢筋。钻孔直径为 18～32 mm 的小直径锚杆的杆体，材料宜用 Q235 钢筋，杆体钢筋直径宜为 16～32 mm。杆体钢筋保护层厚度，采用水泥砂浆时不小于 8 mm，采用树脂时不小于 4 mm。杆体直径大于 32 mm 的锚杆，应采取杆体居中的构造措施，水泥砂浆的强度等级不应低 M20。对于自稳时间短的围岩，宜用树脂锚杆或早强水泥砂浆锚杆。

2. 端头锚固型锚杆

端头锚固型锚杆杆体材料宜用Ⅱ级钢筋，杆体直径为 16～32 mm。树脂锚固剂的固化时间应不长于 10 min，快硬水泥的终凝时间应不长于 12 min。树脂锚杆锚头的锚固长度宜为 200～250 mm，快硬水泥卷锚杆锚头的锚固长度宜为 300～400 mm，托板可用 Q235 钢，厚度不宜小于 6 mm，尺寸不宜小于 150 mm×150 mm。锚头的设计锚固力应不低于 50 kN，服务年限大于 5 年的工程应在杆体与孔壁间注满水泥砂浆。

3. 摩擦型锚杆

摩擦型锚杆可分为缝管锚杆和楔管锚杆。缝管锚杆的管体材料宜用 16 锰或 20 锰硅钢，壁厚为 2～2.5 mm；楔管锚杆的管体材料可用 Q235 钢，壁厚为 2.75～3.25 mm。缝管锚杆的外径为 30～45 mm，缝宽为 13～18 mm；楔管锚杆缝管段的外径为 40～45 mm，缝宽宜为 10～18 mm，圆管段内径不宜小于 27 mm。钻孔直径应小于摩擦型锚杆的外径。宜采用碟形托板材料 Q235 钢，厚度应不小于 4 mm，尺寸应不小于 120 mm×120 mm；杆体极限抗拉力不宜小于 120 kN；挡环与管壁焊接处的抗脱力应不小于 80 kN；缝管锚杆的初锚固力应不小于 25 kN/m，当需要较高的初锚固力时，可采用带端头锚塞的缝管锚杆或楔管锚杆。

4. 预应力锚杆

硬岩锚固宜采用拉力型锚杆，软岩锚固宜采用压力分散型或拉力分散型锚杆。设计锚杆锚固体的间距应考虑锚杆相互作用的不利影响；确定锚杆倾角应避开锚杆与水平面的夹角 -10°～+10° 这一范围。预应力筋材料宜用钢绞线、高强钢丝或高强精轧螺纹钢筋，对于穿型锚杆及压力分散型锚杆的预应力筋，应采用无黏结钢绞线。当预应力值较小或锚杆长度小于 20 m 时，预应力筋也可采用 I 级或 II 级钢筋。预应力锚杆的锚固段灌浆体宜选用水泥浆或水泥砂浆等胶结材料，其抗压强度不宜低于 30 MPa。预应力锚杆的自由段长度不宜小于 5 m。

5. 自钻式锚杆

自钻式锚杆杆体应采用厚壁无缝钢管制作，外表全长应具有标准的连接螺纹，并能任意切割和用套筒连接加长。自钻式锚杆结构应包括中空杆体、垫板螺母、连接套筒和钻头。用于锚杆加长的连接套筒应与锚杆杆体具有同等强度。

锚索是通过外端固定于坡面，另一端锚固在滑动面以内稳定岩体中的穿过边坡滑动面的预应力钢绞线。它可直接在滑面上产生抗滑阻力，增大抗滑摩擦阻力，使结构面处于压紧状态，以提高边坡岩体的整体性，从而从根本上改善岩体的力学性能。它可有效地控制岩体的位移，促使其稳定，达到整治顺层、滑坡及危岩、危石的目的。

钻孔是锚杆（索）施工中控制工期的关键工序。为确保钻孔效率和保证钻孔质量，一般采用潜孔冲击式钻机。钻机钻井时，按锚杆（索）设计长度，将钻孔所需钻杆摆放整齐，钻杆用完，孔深也恰好到位。钻孔结束，逐根拔出钻杆和钻具，将冲击器清洗好备用。复核孔深，并以高压风吹孔，待孔内粉尘吹干净，且孔深不小于锚杆（索）设计长度时，塞好孔口。

锚杆钻孔进行钻孔定位时，钻孔偏差不得大于 20 mm，钻孔深度应超过设计钻孔深度 0.5 m 以上。锚杆隔离体应每隔 2～3m 设置 1 道。进行锚杆注浆施工前，应对钻孔进行清理，抽净孔内的水分，将锚杆与注浆管一起放入孔内，并且注浆管前端头与孔底的距离应不大于 100 mm。注浆时注浆的压力应为 0.5 MPa。在具有腐蚀性的岩土地段进行锚杆施工时，应对锚杆锚固段的钢筋进行除锈处理，其水泥砂浆的保护层厚度应大于 35 mm。

钻孔时有可能发生渗水、塌孔等特殊情况，应根据实际情况分别进行处理。

（1）渗水的处理

在钻孔过程中或钻孔结束后吹孔时，从孔中吹出的都是一些小石粒和灰色或黄色团粒而无粉尘，说明孔内有渗水，岩粉多贴附于孔壁。这时，若孔深已够，则注入清水，以高压风吹净，直至吹出清水；若孔深不够，虽冲击器工作，仍有进尺，也必须立即停钻，拔出钻具，洗孔后再继续钻进，如此循环，直至结束。有时孔内渗水量大，有积水，吹出的是泥浆和碎石，在这种情况下，岩粉不会糊住孔壁，只要冲击器工作，就可继续钻。如果渗水量太大，以至淹没了冲击器，冲击器会自动停止工作，应拔出钻具进行压力注浆。

（2）塌孔的处理

当钻孔穿越强风化岩层或岩体破碎带时，往往发生塌孔。塌孔的主要标志是从孔中吹出黄色岩粉，夹杂一些原状的（非钻头碎的、非新鲜的、无光泽的）石块，这时，不管钻进深度如何，都要立即停止钻进，拔出钻具，进行固壁注浆，注浆压力应为 0.4 MPa，浆液为水泥砂浆和水玻璃的混合液，24 h 后重新钻孔。雨季，常常顺岩体破碎带向孔内渗流泥浆，固壁注浆前，必须用水和风把泥浆洗出（塌入钻孔的石块不必清除）。

5.1.5.4 格构

对于不同类型的外锚头，应以不同颜色予以标识，达到醒目和良好的区分效果。

格构根据所采用的材料的不同，可分为浆砌块石格构、现浇钢筋混凝土格构和预制预应力混凝土格构。根据格构形式的不同，又分为以下几种：（1）方形：指顺边坡倾向和沿边坡走向设置方格状格构；（2）菱形：沿平整边坡坡面斜向设置格构；（3）"人"字形：按顺边坡倾向设置浆砌块石条带，沿条带向上设置"人"字形浆砌块石拱或钢筋混凝土；（4）弧形：按顺边坡倾向设置浆砌块石或钢筋混凝土条带，沿条带向上设置弧形浆砌块石拱或钢筋混凝土。

格构设计必须充分考虑工程的服务期限，设计之前，应在调查、收集、分析原有地形、地质资料的基础上，进行详细的工程地质勘察，进行现场钻探和各种试验，搞清楚地质体的强度、渗透性、断层和节理的形态与产状，以及边坡的环境地质条件，并对边坡稳定系数进行计算，作为设计的依据。

边坡设计荷载应包括边坡体自重、静水压力、渗透压力、孔隙水压力、地震力等。

对于整体稳定性好并满足设计安全系数要求的边坡，可采用浆砌块石格构进行护坡，采用经验类比法进行设计，坡度一般不大于30°，即1:1.7。当边坡高度超过30 m时，须设马道放坡，马道宽1.5～3 m。

对于整体稳定性好但前缘出现溜滑或坍滑的滑坡，或坡度大于35°的高陡边坡，宜采用现浇钢筋混凝土格构进行护坡，并采用锚杆进行加固，采用经验类比和极限平衡法相结合的方法进行设计。锚杆须穿过潜在滑面1.5～2 m，且采用全黏结灌浆。

对于整体稳定性差且前沿坡面须防护和美化的滑坡，宜采用现浇钢筋混凝土格构与预应力锚索进行防护。而对于整体稳定性差、滑坡推力过大且前沿坡面须防护和美化的滑坡，宜采用预制预应力钢筋混凝土格构与预应力锚索进行防护。

浆砌块石格构可分为方形、菱形、"人"字形和弧形四种形式。各种格构水平间距均应小于3 m。浆砌块石断面设计以类比法为主，采用的断面高×宽一般不小于300 mm×200 mm。浆砌块石格构边坡坡面应平整，坡度一般小于35°。为了保证格构的稳定性，可根据岩土体结构和强度，在格构节点设置锚杆，长度一般为3～5 m，全黏结灌浆。若岩土体较为破碎和易溜滑时，可采用锚管加固，全黏结灌浆，注浆压力一般为0.5～1 MPa。浆砌块石格构应嵌置于边坡中，嵌置深度大于格构截面高度的2/3。浆砌块石格构护坡坡面应平整、密实，无表层溜滑体和蠕滑体。格构可采用毛石或条石，但毛石最小厚度应大于150 mm，强度应大于Mu30，用水泥砂浆浆砌，砂浆强度应不低于M4.5。格构每隔10～25 m设置伸缩缝，缝宽2～3 cm，填塞沥青麻筋或沥青木板。

现浇钢筋混凝土格构同样有方形、菱形、"人"字形和弧形四种形式。方形和菱形格构水平间距均应小于5 m，"人"字形和弧形格构水平间距均应小于5.5 m。钢筋混凝土格构断面设计应采用简支梁法进行弯矩计算，并采用类比法校核。一般断面高×宽不小于300 mm×250 mm。格构纵向钢筋应采用14 mm以上直径的Ⅱ级螺纹钢筋，箍筋应采用6 mm以上直径的钢筋。格构混凝土强度等级应不低于C25。现浇钢筋混凝土格构护坡的坡面应平整，坡度一般不大于70°。当边坡高于30 m时，应设置马道。为了保证格构护坡的稳定性，根据岩土体结构和强度在格构节点设置锚杆。锚杆应采用25～40 mm直径的Ⅱ级螺纹钢加工，长度一般为4 m以上，全黏结灌浆，并与格构钢筋以笼点焊连接。若岩土体较为破碎和易溜滑时，可采用锚管加固，锚管用直径为50 mm的架管加工，全黏结灌浆，注浆压力一般为0.5～1 MPa，同样应与格构钢筋以笼点焊连接。直径为50 mm的架管，设计拉拔力可取100～140 kN。锚杆（管）均应穿过潜在滑动面。如果是整体稳定性差或下滑力较大的滑坡，应采用预应力锚索进行加固。

钢筋混凝土格构可嵌置于边坡中或上覆在边坡上。钢筋混凝土格构护坡坡面应平整、夯实，无溜滑体、蠕滑体和松动岩块。用于浇注格构的钢筋应专门建库堆放，避免污染和锈蚀；水泥一般使用42.5号普通硅酸盐水泥，避免使用受潮和过期水泥；沙石料的杂质和有机质的含量应符合有关规定。应对边坡开挖的岩性及结构进行编录和综合分析，将开挖的岩性与设计进行对比，出入较大时，应作变更处理。开挖的弃渣应按设计要求堆放，不得造成次生灾害。

不论是浆砌块石格构还是现浇钢筋混凝土格构，均应每隔10～25 m设置伸缩缝，缝宽2～3 cm，填塞沥青麻筋或沥青木板。同时，为了美化环境和防护表层边坡，在格构间应培土和植草。

5.1.5.5 岩石锚喷支护

锚喷支护是由锚杆和喷射混凝土面板组成的支护。锚杆的主要作用是增强节理面和岩层间的摩擦力，增强岩块或岩层的稳定性。喷射混凝土的作用是加固围岩，防止岩块抬动、剥离或坠落。二者结合，发挥围岩的自承能力，限制围岩变形的自由发展，调整围岩的应力分布，防止岩体松散坠落，既可作为施工过程中的临时支护，也可在某些情况下作为永久支护或衬砌。

对永久性岩质边坡进行整体稳定性支护时，Ⅰ类岩质边坡可采用混凝土锚喷支护，Ⅱ类岩质边坡宜采用钢筋混凝土锚喷支护，Ⅲ类岩质边坡应采用钢筋混凝土锚喷支护，且边坡高度不宜大于15 m。对临时性质边坡进行整体稳定性支护时，Ⅰ、Ⅱ类岩质边坡可采用混凝土锚喷支护，Ⅲ类岩质边坡宜采用钢筋混凝土锚喷支护，且边坡高度应不大于25 m。对于边坡局部不稳定的岩石块体，可采用锚喷支护进行局部加固。膨胀性岩质边坡和具有严重腐蚀性的边坡不应采用锚喷支护。有深层外倾滑动面或坡体渗水明显的岩质边坡，不宜采用锚喷支护。锚喷支护中，锚杆有系统锚杆与局部锚杆两种类型，系统锚杆用以维持边坡整体稳定，局部锚杆用以维持不稳定块体的稳定。

1. 锚喷支护构造设计

（1）系统锚杆的设置应符合下列规定：

① 锚杆布置宜采用行列式排列或菱形排列。

② 锚杆间距宜为 1.25～3 m，且应不大于锚杆长度的一半；对于Ⅰ、Ⅱ类岩体边坡，最大间距应不大于 3 m；对于Ⅲ、Ⅳ类岩体边坡，最大间距应不大于 2 m。

③ 锚杆安设倾角宜为 10°～20°。

④ 应采用全黏结锚杆。

（2）锚喷支护用于岩质边坡整体支护时，其面板应符合下列规定：

① 对于永久性边坡，Ⅰ类岩质边坡喷射混凝土面板厚度应不小于 50 mm，Ⅱ类岩质边坡喷射混凝土面板厚度应不小于 100 mm，Ⅲ类岩质边坡钢筋网喷射混凝土面板厚度应不小于 150 mm。对于临时性边坡，Ⅰ类岩质边坡喷射混凝土面板厚度应不小于 50 mm，Ⅱ类岩质边坡喷射混凝土面板厚度应不小于 80 mm，Ⅲ类岩质边坡钢筋网喷射混凝土面板厚度应不小于 100 mm。

② 钢筋直径宜为 6～12 mm，钢筋间距宜为 100～250 mm。单层钢筋网喷射混凝土面板厚度应不小于 80 mm，双层钢筋网喷射混凝土面板厚度应不小于 150 mm。钢筋保护层厚度应不小于 25 mm。

③ 锚杆钢筋与面板的连接有可靠的连接构造措施。

（3）岩质边坡坡面防护应符合下列规定：

① 锚杆布置采用行列式排列，也可采用菱形排列。

② 应采用全黏结锚杆，锚杆长度为 3～6m，锚杆倾角宜为 15°～25°，钢筋直径可采用 16～22 mm，钻孔直径为 40～70 mm。

③ Ⅰ、Ⅱ类岩质边坡可采用混凝土锚喷防护，Ⅲ类岩质边坡宜采用钢筋混凝土锚喷防护，Ⅳ类岩质边坡应采用钢筋混凝土锚喷防护。

④ 混凝土喷层厚度可采用 50～80 mm，Ⅰ、Ⅱ类岩质边坡可取小值，

Ⅲ、Ⅳ类岩质边坡宜取大值。

⑤可采用单层钢筋网,钢筋直径为 6～10 mm,间距为 150～200 mm。

(4)喷射混凝土强度等级:对于永久性边坡,应不低于 C25;对于防水要求较高的边坡,应不低于 C30;对于临时性边坡,应不低于 C20。喷射混凝土 1 天龄期的抗压强度设计值应不小于 5 MPa。

(5)喷射混凝土的物理力学参数如表 5-6 所示。

表 5-6 喷射混凝土物理力学参数

物理力学参数	喷射混凝土强度等级		
	C20	C25	C30
轴心抗压强度设计值 /MPa	9.6	11.9	14.3
抗拉强度设计值 /MPa	1.1	1.27	1.43
弹性模量 /MPa	2.1×10^4	2.3×10^4	2.5×10^4
重度 /(kN/m³)	22		

(6)喷射混凝土与岩面的黏结力,对于整体状和块状岩体,应不低于 0.8 MPa,对于碎裂状岩体,应不低于 0.4 MPa。喷射混凝土与岩面黏结力试验应符合现行国家标准《岩土锚杆与喷射混凝土支护工程技术规范》(GB 50086—2015)的规定。

(7)面板宜沿边坡纵向每隔 20～25 m 分段设置竖向伸缩缝。

(8)坡体泄水孔及截水、排水沟等的设置应符合相关规范规定。

2. 施工技术要求

(1)边坡坡面处理宜尽量平缓顺直,且应锤击密实,凹处填筑应稳定。

(2)应清除坡面松散层及不稳定的块体。

(3)Ⅲ类岩质边坡应采用逆作法施工,Ⅱ类岩质边坡可部分采用逆作法施工,这样既能确保工程开挖时的安全,又便于施工。但应注意,对于未支护开挖段岩体的高度与宽度,应依据岩体的破碎、风化程度作严格控制,以免施工中出现事故。

3. 施工工艺

(1)原材料备制

①锚杆材料:锚杆材料按设计要求规定的材质、规格备料,并作调直、除锈、除油处理,以保证砂浆锚杆的施工质量和施工的顺利进行。

②水泥：普通水泥砂浆选用普通硅酸盐水泥，在自稳时间短的围岩条件下，宜用早强水泥砂浆锚杆。

③沙：宜采用清洁、坚硬的中细沙，粒径不宜大于 3 mm，使用前应过筛。

④配合比：普通水泥砂浆的配合比，水泥与沙的比宜为 1:1～1:1.5（重量比），水灰比宜为 0.45～0.5。

⑤砂浆备制：砂浆应拌和均匀，随拌随用。一次拌和的砂浆应在初凝前用完，并严防石块杂物混入，这样做主要是为了保证砂浆本身的质量及砂浆与锚杆杆体、砂浆与孔壁的黏结强度，即保证锚杆的锚固力和锚固效果。

（2）锚杆孔的施工

①孔位布置：孔位应根据设计要求和围岩情况布孔并标记，偏差不得大于 20 cm。

②锚杆孔径：砂浆锚杆的锚杆孔径应大于锚杆体直径 15 mm。

③钻孔方向：锚杆孔宜沿边坡坡面径向钻孔，但钻孔不宜平行于岩面。

④钻孔深度：砂浆锚杆孔深误差应不大于 ±10 cm。

⑤锚杆孔应保持直线。

⑥灌浆前清孔：钻孔内若残存有积水、岩粉、碎屑或其他杂物，会影响灌浆质量和妨碍锚杆杆体插入，也影响锚杆效果。因此，锚杆安装前，必须采用人工或高压风、水清除孔内积水、岩粉、碎屑等杂物。

（3）锚杆安装

①砂浆：锚杆孔内的砂浆应采用灌浆罐和注浆管进行注浆。注浆开始或中途停止超过 30 min 时，应用水润滑灌浆罐及其管路。注浆孔口压力不得大于 0.4 MPa，注浆时应堵塞孔口。注浆管应插至距孔 5～10 cm 处，随水泥砂浆的注入缓慢匀速拔出，并用水泥纸堵住孔口。

②锚杆安装：锚杆头就位孔口后，将堵塞孔口的水泥纸掀开，随即迅速将杆体插入并安装到位。若孔口无水泥砂浆溢出，说明注入砂浆不足，应将杆体拔出重新灌注后再安装锚杆。锚杆杆体插入孔内的长度不宜小于设计规定。

③钻孔注浆的饱满程度，是确保安装质量的关键，工艺要求注浆管插到距孔底 5～10 cm 处，并随砂浆的注入缓慢匀速拔出，避免拔管过快而造成孔内砂浆脱节。砂浆不足时，应重注砂浆。

④普通砂浆锚杆安装后不久，随意敲击杆体将影响砂浆与锚杆杆体、砂浆与孔壁的黏结强度，降低锚杆的锚固力。普通砂浆三天所能达到的强度为28天强度的40%左右，因此，规定三天内不得悬挂重物，不但是为了保证锚固质量，也是为了防止发生事故。

（4）安装中应注意的问题

①砂浆锚杆作业是先注浆、后放锚杆（注浆锚杆作业是先放锚杆、后注浆）。先将水注入牛角泵内，水占泵体积的2/3，并倒入少量砂浆，初压水和稀浆湿润管路，然后再将已调好的砂浆倒入泵内。将注浆管插至锚孔眼底，将泵盖压紧密封，一切就绪后，慢慢打开风阀，开始注浆。在气压的推动下，水在前、砂浆在后，水湿润泵体和管路，引导砂浆进入锚孔中。随着砂浆不断压入岩底，用推和锤击的方法，把锚杆插入岩底，然后用木楔堵塞岩口，防止砂浆流失。注浆压力不宜过大，保持在 $2\ kg/cm^2$ 为好。

②压注砂浆时，必须密切注意压力表，若发现压力过高，须立即停风，排除堵塞。

③注浆管不准对人放置，注浆管在未打开风阀前不准搬动，关闭密封盖，以防高压喷出物伤人。

④掺速凝剂砂浆时，一次拌制砂浆数量不应多于3个孔，以免时间过长导致砂浆在泵管中凝结。

⑤锚注完成后，及时清洗机具。

（5）钢筋网制作和安装

钢筋网的制作和安装应按施工组织设计要求进行。地质条件较好的岩体，可先挂钢筋网，且钢筋网必须紧贴岩面，并与边墙锚杆绑扎牢固。地质条件差的岩体，在短期内先素喷 3～5 cm 厚混凝土，然后挂网喷护。喷护之前，钢筋网必须紧贴喷混凝土面，并与边墙锚杆绑扎牢固。钢筋网片之间采用搭接方式连接，搭接长度为 20 cm，并相互绑扎牢靠。

5.1.5.6 土钉墙

土钉墙是一种原位土体加筋技术，将边坡通过由钢筋制成的土钉进行加固，边坡表面铺设一道钢筋网，再喷射一层砼面层，是和土方边坡相结合的边坡加固型支护施工方法。其构造为设置在坡体中的加筋杆件（即土钉或锚杆）与其周围土体牢固黏结而形成的复合体，以及面层所构成的类似重力挡墙的支护结构。

土钉墙由原位土体、设置在土中的土钉和喷射混凝土面层组成。通过土钉、墙面与原状土体的共同作用，形成以主动制约机制为基础的复合体，具有明显提高边坡土体结构强度和抗变形能力，减小土体侧向变形，增强整体稳定性的特点。其支护效果主要由土钉的长度、设置密度、土钉的抗拉抗弯和抗剪强度、土钉与土体的黏结强度、面墙刚度、土钉与面墙的结合程度、原状土体性状、坡顶荷载、开挖深度等因素综合决定。

在露天矿山生态修复中，土钉墙适用于地下水位以上或经人工降水后的人工填土、黏性土和弱胶结沙土边坡加固。土钉墙宜用于高度不大于 18 m 的边坡加固。当土钉墙与有限放坡、预应力锚杆联合使用时，高度可增加。土钉墙不宜用于含水丰富的粉细沙层、沙砾卵石层和淤泥质土，不宜用于没有自稳能力的淤泥和饱和软弱土层。

1. 原材料控制

原材料质量的优劣，对土钉墙质量的影响极大。为了保证原材料的质量合格，对每批进场的原材料（钢筋、水泥、沙、石等），要按规定进行取样检测，检测合格后方可使用。

土钉钢筋和面层网筋的强度必须满足规范要求。为增强土钉钢筋与砂浆（细石混凝土）的握裹力，土钉钢筋采用 HRB335 级或 HRB400 级热轧变形钢筋，直径在 18～32 mm 范围内。钢筋网宜采用 HPB235 级钢筋，钢筋直径宜为 6～10 mm，钢筋网间距宜为 150～300 mm。

水泥品种和标号的选择主要应满足工程使用的要求。当加入速凝剂时，还应考虑水泥与速凝剂的相容性。喷射混凝土应优先选用强度等级不低于 32.5 的硅酸盐水泥或普通硅酸盐水泥，因为这两种水泥的 C3S 和 C3A 含量较高，同速凝剂的相容性好，能速凝、快硬，后期强度也较高。

采用细度模数不小于 2.3 的中沙和粒径不大于 12 mm 的细石。沙含泥量不大于 3%，石子含泥量不大于 2%。石子用卵石或碎石均可，但以卵石为好。骨料级配对喷射混凝土拌和物的可泵性、通过管道的流动性、在喷嘴处的水化、与受喷面的黏附性以及最终产品的表观密度都有重要影响，为取得最大的表观密度,应避免使用间断级配的骨料。

2. 土钉的类型

(1)钻孔注浆型土钉

钻孔注浆型土钉即先用钻机等机械设备在土体中钻孔,成孔后置入杆体(一般采用 HRB335 型土钉即带肋钢筋制作),然后沿全长注水泥浆。钻孔注浆型土钉几乎适用于各种土层,抗拔力较高,质量较可靠,造价较低,是最常用的土钉类型。

(2)直接打入型土钉

直接打入型土钉即在土体中直接打入钢管、角钢等型钢、钢筋、毛竹、圆木等,不再注浆。由于打入式土钉直径小,与土体间的黏结摩阻强度低,承载力低,钉长又受限制,所以布置较密,可用人力或振动冲击钻、液压锤等机具打入。直接打入型土钉的优点是不需预先钻孔,对原位土的扰动较小,施工速度快,但在坚硬黏性土中很难打入,不适用于服务年限大于 2 年的永久支护工程,杆体采用金属材料时造价稍高。

(3)打入注浆型土钉

打入注浆型土钉即在钢管中部及尾部设置注浆孔成为钢花管,直接打入土中后压灌水泥浆形成土钉。打入注浆型土钉具有直接打入型土钉的优点且抗拔力较高,特别适用于成孔困难的淤泥、淤泥质土等软弱土层、各种填土及沙土,应用较为广泛,缺点是造价比钻孔注浆型土钉略高,防腐性能较差,不适用于永久性工程。

3. 土钉墙的特点

① 合理利用土体的自稳能力,将土体作为支护结构不可分割的部分,结构合理。

② 结构轻型,柔性大,有良好的抗震性和延性,破坏前有变形发展过程。

③ 密封性好,完全将土坡表面覆盖,没有裸露土方,阻止或限制了地下水从边坡表面渗出,防止水土流失及雨水、地下水对边坡的冲刷侵蚀。

④ 土钉数量众多,靠群体作用,即便个别土钉有质量问题或失效,对整体影响不大。有研究表明,当某条土钉失效时,其周边土钉中,上排及同排的土钉分担了较大的荷载。

⑤ 施工所需场地小，移动灵活，支护结构基本不单独占用空间，能贴近已有建筑物开挖，这是桩、墙等支护难以做到的，故在施工场地狭小、建筑物距离近、大型护坡施工设备没有足够工作面等情况下，其显示出了独特的优越性。

⑥ 施工速度快。土钉墙随土方开挖施工，分层分段进行，与土方开挖基本能同步进行，不需养护或单独占用施工工期，故多数情况下，施工速度较其他支护结构快。

⑦ 施工设备及工艺简单，不需要复杂的技术和大型机具，施工对周围环境干扰小。

⑧ 由于孔径小，与桩等施工方法相比，穿透卵石、漂石及填石层的能力更强一些。施工方便灵活，在开挖面形状不规则、坡面倾斜等情况下，施工不受影响。

⑨ 边开挖边支护，便于信息化施工，能够根据现场监测数据及开挖暴露的地质条件及时调整土钉参数，一旦发现异常或实际地质条件与原勘察报告不符，能及时调整相应设计参数，避免出现大的事故，从而提高了工程的安全可靠性。

⑩ 材料用量及工程量较少，工程造价较低。

4. 构造要求

① 土钉墙墙面坡度不宜大于 1:0.2；

② 土钉必须和面层有效连接，应设置承压板或加强钢筋等构造，承压板或加强钢筋应与土钉螺栓连接或钢筋焊接连接；

③ 土钉的长度宜为开挖深度的 0.5～1.2 倍，间距宜为 1～2 m，与水平面夹角宜为 5°～20°；

④ 土钉钢筋宜采用 HRB400、HRB500 级钢筋，钢筋直径宜为 16～32 mm，钻孔直径宜为 70～120 mm；

⑤ 土钉墙注浆材料宜采用水泥浆或水泥砂浆，其强度等级不宜低于 M20；

⑥ 土钉墙喷射混凝土面层宜配置钢筋网，钢筋直径宜为 6～10 mm，间距宜为 150～300 mm，喷射混凝土强度等级不宜低于 C20，面层厚度不宜小于 80 mm；

⑦ 土钉墙坡面上下段钢筋网搭接长度应大于 300 mm；

⑧ 土钉墙墙顶应采用砂浆或混凝土护面，坡顶和坡脚应设排水措施，坡面上可根据具体情况设置泄水孔。

5. 施工技术要求

① 土钉墙施工前应先检测边坡横断面，净空合格后方能进行土钉墙施工。

② 土钉墙应按"自上而下、分层开挖、分层锚固、分层喷护"的原则组织施工，并及时挂网喷护，不得使坡面长期暴露风化导致失稳。

③ 施工前应按设计要求进行注浆工艺试验、土钉抗拉拔试验，验证设计参数，确定施工工艺参数。

④ 土钉墙钻孔施工时，严禁灌水。钉孔注浆应采用孔底注浆法，确保注浆饱满，注浆压力宜为 0.2 MPa。

⑤ 土钉墙施工时应按设计要求制作支撑架。

⑥ 挂网材料为土工合成材料时，应采取妥善的防晒措施，防止土工合成材料老化。挂网前，应先清除坡面松散土石。

⑦ 坡脚墙基坑施工应尽快完成，同时应采取措施防止基坑被水浸泡。

⑧ 喷射混凝土前，应进行现场喷射试验，确定施工工艺参数。

⑨ 喷射作业应自下而上进行，当喷层厚度大于 7 cm 时，应分两层喷射。喷射过程中，应采取有效措施保证泄水孔不被堵塞。

⑩ 土钉墙所用沙、石料、水泥、粉煤灰、矿物掺和料、外加剂、钢筋应符合规范规定。

⑪ 土钉墙所用的土工合成材料的品种、规格、质量应符合设计要求。进场时，应进行现场验收，并对其技术性能进行检验。

⑫ 土钉孔的布置形式、土钉长度应符合设计要求。

⑬ 土钉孔锚固砂浆强度等级应符合设计要求。

⑭ 网的规格尺寸、网与土钉的连接应符合设计要求。

⑮ 喷射混凝土强度等级应符合设计要求。

⑯ 喷射混凝土面层厚度在每个断面上 60% 以上应不小于设计厚度，且厚度最小值应不小于设计厚度的一半。同时，所有检查孔的厚度平均值应不小于设计厚度值。

⑰ 泄水孔施工质量、墙后反滤层构造、墙基坑开挖、墙身混凝土强度、

脚墙模板、沉降缝（伸缩缝）预留与塞封应符合规定。

6. 施工工艺

编制施工方案及施工准备后，可进行后续的施工，即工作面开挖—清理边坡—孔位布点—成孔—清孔—安设土钉钢筋—注浆—铺设钢筋网—喷射混凝土—开挖下一层。

根据不同土体特点和支护构造方法，上述个别顺序可以有变化。

（1）工作面开挖

土钉支护应按设计规定的分层开挖深度及作业顺序施工，在完成上层作业面的土钉与喷混凝土以前，不得进行下一层深度的开挖。支护分层开挖深度和施工的作业顺序应保证修整后的裸露边坡能在规定的时间内保持自立并在限定的时间内完成支护，即及时设置土钉和喷射混凝土。基坑在水平方向的开挖也应分段进行，可按 10～20 m 分段。

（2）清理边坡

边坡宜采用小型机具或铲锹进行切削清坡，以达到设计规定的坡度。

（3）孔位布点

土钉成孔前，应按设计要求定出孔位并作出标记和编号。

（4）成孔

根据设计要求的平面位置、孔深、下倾角、孔径，选择合适的钻孔设备，人工成孔常采用洛阳铲。孔径、孔深、孔距、倾角必须满足设计要求。

成孔过程中应作好成孔记录，按土钉编号逐一记载取出的土体特征、成孔质量、事故处理等。应将取出的土体与初步设计时所认定的加以对比，有偏差时应及时修改土钉的设计参数。

（5）清孔

钻孔后应进行清孔检查，对孔中出现的局部渗水、塌孔或掉落松土应立即处理。成孔后，应及时安设土钉钢筋并注浆。

（6）安设土钉钢筋

钢筋使用前应调直、除锈、涂油。为保证钢筋处于钻孔的中心部位，土钉钢筋置入孔中前应先设置定位支架，支架沿钉长的间距为 2～3m，可为金属或塑料件，其构造应不妨碍注浆时浆液的自由流动。

（7）注浆

土钉钢筋置入孔中后，可采用重力、低压（0.4～0.6 MPa）或高压（1～2 MPa）方法注浆填孔。

水平孔应采用低压或高压方法注浆。压力注浆时，应在钻孔口部设置止浆塞（如为分段注浆，止浆塞置于钻孔内规定的中间位置），注满后保持压力 3～5 min。

对于下倾的斜孔，采用重力或低压注浆时，宜采用底部注浆方式，即注浆导管底端先插入孔底，在注浆的同时将导管以匀速缓慢撤出。导管的出浆口应始终处在孔中浆体的表面以下，保证孔中气体能全部逸出。

注浆时需加入早强剂和膨胀剂，以提高注浆体早期强度和增大土钉与孔壁土体的摩擦力。

（8）铺设钢筋网

在喷射混凝土前，面层内的钢筋网片应牢牢固定在边壁上，并符合规定的保护层厚度要求。钢筋网片可用插入土中的钢筋固定，在混凝土喷射下应不出现震动。

钢筋网片可焊接或绑扎而成，网格允许偏差为 ±10 mm。钢筋网铺设时，每边的搭接长度应不小于一个网格边长或 200 mm，如为搭焊，则焊长不小于网筋直径的 10 倍。

（9）喷射混凝土

喷射混凝土时，喷射顺序应自下而上，喷头与受喷面距离宜控制在 0.8～1.5 m 范围内，射流方向垂直指向喷射面。在钢筋部位，应先喷钢筋后方，然后再喷填钢筋前方，防止钢筋背面出现空隙，也可在铺设钢筋网片之前初喷一次，铺设网片之后再进行复喷，一次喷射厚度不宜小于 40 mm。喷射混凝土前，应先向边壁土层喷水润湿，喷射时应加入速凝剂，以提高混凝土的凝结速度，防止混凝土塌落。

为保证喷射混凝土的厚度，可用插入土内用以固定钢筋网片的钢筋作为标志加以控制。当面层厚度超过 100 mm 时，应分两次喷射，每次喷射厚度宜为 50～70 mm。

喷射混凝土终凝后 2 h，应根据当地条件，连续喷水养护 5～7 天，或喷涂养护剂。

土钉墙支护最下一层的混凝土面层宜插入边坡底部以下,深度不小于0.2 m。在边坡顶部也宜设置宽度为1～2 m的喷混凝土护顶。

土钉墙支护宜在排除地下水的条件下施工,应采取的排水措施包括地表排水、支护内部排水等,以避免土体处于饱和状态并减轻作用于面层上的静水压力。边坡顶部四周可做散水和排水沟,边坡底部应设置排水沟和集水坑,并与边坡保留0.5～1 m的距离。集水坑内积水应及时抽出。

当边坡侧壁水压较大时,可在支护面层背部插入长度为400～600 mm、直径不小于40 mm的水平导水管,外端伸出支护面层,间距1.5～2 m,以便将混凝土面层后的积水排出。

5.1.5.7 抗滑桩

抗滑桩是穿过滑坡体深入滑床的桩柱,用以支挡滑体的滑动力,起稳定边坡的作用,适用于浅层和中厚层的滑坡,是一种抗滑处理的主要措施。对正在活动的滑坡打桩阻滑需慎重,以免因震动而引起滑动。

抗滑桩对滑坡体的作用:利用抗滑桩插入滑动面以下的稳定地层,以其对桩的抗力(锚固力)来平衡滑动体的推力,增加稳定性。当滑坡体下滑时,受到抗滑桩的阻抗,使桩前滑体达到稳定状态。

抗滑桩分类:根据滑体的厚薄、推力大小、防水要求及施工条件等选用木桩、钢桩、混凝土及钢筋混凝土桩。

抗滑桩在不同地质条件下的深度:按一般经验,软质岩层中,锚固深度为设计桩长的1/3;硬质岩中,为设计桩长的1/4;土质滑床中,为设计桩长的1/2。当土层沿基岩面滑动时,锚固深度也可采用桩径的2～5倍。

抗滑桩的布置形式:有相互连接的桩排,互相间隔的桩排,下部间隔、顶部连接的桩排,互相间隔的锚固桩等。桩柱间距一般取桩径的3～5倍,以保证滑动土体不在桩间滑出为原则。

1. 抗滑桩的一般要求

(1) 抗滑桩是滑坡防治工程中较常采用的一种措施。采用抗滑桩对滑坡进行分段阻滑时,每段宜以单排布置为主,若弯矩过大,应采用预应力锚拉桩。

(2) 抗滑桩桩长宜小于35 m。对于滑带埋深大于25 m的滑坡,采用抗滑桩阻滑时，应充分论证其可行性。

（3）抗滑桩间距（中对中）宜为 5～10 m。抗滑桩嵌固段应嵌入滑床中，约为桩长的 1/3～2/5。为了防止滑体从桩间挤出，应在桩间设钢筋砼或浆砌块石拱形挡板。在重要建筑区，抗滑桩之间应用钢筋砼联系梁连接，以增强整体稳定性。

（4）抗滑桩截面形状以矩形为主，截面宽度一般为 15～25 m，截面长度一般为 2～5 m。当滑坡推力方向难以确定时，应用圆形桩。

（5）抗滑桩按受弯构件设计。对于利用抗滑桩作为建筑物桩基的工程，即"承重阻滑桩"，应进行桩基竖向承载力、桩基沉降、水平位移和挠度验算，并考虑地面附加荷载对桩的影响。

2. 抗滑桩的构造要求

（1）为保护环境，桩顶应置于地面以下 0.5 m，但应保证滑坡体不越过桩顶。当有特殊要求时，如作为建筑物基础等，桩顶可高于地面。

（2）桩身混凝土可采用普通混凝土。当施工许可时，也可采用预应力混凝土。桩身混凝土的强度宜采用 C20、C25 或 C30。地下水或环境土有侵蚀性时，水泥应按有关规定选用。

（3）纵向受拉钢筋应采用 II 级以上的带肋钢筋或型钢。

（4）纵向受拉钢筋直径应大于 6 mm，净距应在 120～250 mm 之间。如用束筋时，每束不宜多于 3 根。如配置单排钢筋有困难，可设置 2 排或 3 排，排距宜控制在 120～200 mm 之内。钢筋笼的混凝土保护层应大于 50 mm。

（5）纵向受拉钢筋的截断点应在按计算不需要该钢筋的截面以外，其伸出长度应不小于表 5-7 规定的数值。

表 5-7 纵向受拉钢筋的最小搭接长度

钢筋类型		混凝土强度等级		
		C20	C25	≥ C30
HRB235 级钢筋		30d	25d	20d
月牙纹	HRB335 级钢筋	40d	35d	30d
	HRB400 级钢筋	45d	40d	35d

注：1. 表中 d 为钢筋直径。

2. 月牙纹钢筋直径 $d > 25$ mm 时，其伸出长度数值应为表中数值增加 5d。

（6）桩内不宜配置弯起钢筋，可采用调整箍筋的直径、间距和桩身截面尺寸等措施，以满足斜截面的抗剪强度。

（7）箍筋宜采用封闭式，肢数不宜多于3肢，其直径应在10～16 mm之间，间距应小于500 mm。

（8）钢筋应采用焊接螺纹或冷挤压连接，接头类型以帮条焊和搭接焊为主。当受条件限制应在孔内制作时，纵向受力钢筋应以对焊或螺纹连接为主。

（9）桩的两侧及受压边，应适当配置纵向构造钢筋，其间距宜为400～500 mm，直径应不小于12 mm。桩的受压边两侧，应配置架立钢筋，其直径不宜小于16 mm。

（10）当采用预应力混凝土时，应符合下列要求：

① 预应力施加方法宜采用后张法。如采用先张法，应充分论证其可靠性；

② 预应力筋宜为低松高强钢绞线；

③ 下端锚固于桩身下部3～5 m范围内。锚固段内根据计算布置钢筋网片；

④ 上段锚固应选用可靠的锚具，并在锚固部位预埋钢垫板，垫板应与锚孔垂直；

⑤ 水泥砂浆强度等级应不低于M25。

3. 抗滑桩的施工技术要求

（1）抗滑桩应严格按设计图施工。应将开挖过程视为对滑坡进行再勘查的过程。及时进行地质编录，以利于反馈设计。

（2）抗滑施工包含以下工序：施工准备、桩孔开挖、地下水处理、护壁、钢筋笼制作与安装、混凝土灌注、混凝土养护等。

（3）施工准备应按下列要求进行：

① 按工程要求进行备料，所选用的材料的型号、规格符合设计要求，有产品合格证和质检单；

② 钢筋应专门建库堆放，避免污染和锈蚀；

③ 使用普通硅酸盐水泥。

（4）桩孔以人工开挖为主，并按下列原则施工：

① 开挖前，应先平整孔口，并做好施工区的地表截、排水及防渗工作。雨季施工时，孔口应加筑适当高度的围堰。

② 采用间隔方式开挖，每次间隔 1～2 孔。

③ 按由浅至深、由两侧向中间的顺序施工。

④ 松散层段原则上以人工开挖为主，孔口作锁口处理，桩身作护壁处理。基岩或坚硬的孤石段可采用少药量、多炮眼的松动爆破方式，但每次剥离厚度不宜大于 30 cm。开挖基本成形后再人工刻凿孔壁至设计尺寸。

⑤ 根据岩土体的自稳性、可能日生产进度和模板高度，经过计算确定一次最大开挖深度。一般自稳性较好的可塑－硬塑状黏性土、稍密以上的碎块石土或基岩，一次最大开挖深度为 1～1.2 m；软弱的黏性土或松散的、易垮塌的碎石层，一次最大开挖深度为 0.5～0.6 m；垮塌严重段宜先注浆后开挖。

⑥ 每开挖一段应及时进行岩性编录，仔细核对滑面（带）情况，综合分析研究。如实际情况与设计有较大出入，应将发现的异常及时向建设单位和设计人员报告，及时变更设计。实挖桩底高程应会同设计、勘查等单位现场确定。

⑦ 弃渣可用卷扬机吊起，吊斗的活门应有双套防开保险装置。吊出后应立即运走，不得堆放在滑坡体上，防止诱发次生灾害。

（5）桩孔开挖过程中，应及时排除孔内积水。当滑体的富水性较差时，可采用坑内直接排水；当富水性好、水量很大时，宜采用桩孔外管泵降排水。

（6）桩孔开挖过程中，应及时进行钢筋混凝土护壁，宜采用 C20 砼。护壁的单次高度根据一次最大开挖深度确定，一般为 1～1.5 m。护壁厚度应满足设计要求，一般为 100～200 mm，应与围岩接触良好。护壁后的桩孔应保持垂直、光滑。

（7）钢筋笼的制作与安装可根据场地的实际情况按下列要求进行：

① 钢筋笼尽量在孔外预制成形，在孔内吊放竖筋并安装，孔内制作钢筋笼应考虑焊接时的通风排烟；

② 竖筋的接头采用双面搭接焊、对焊或冷挤压，接头点需错开；

③ 竖筋的搭接处不得放在土石分界和滑动面（带）处；

④ 孔内渗水量过大时，应采取强行排水、降低地下水位措施。

（8）桩芯混凝土灌注，应符合下列要求：

① 待灌注的桩孔应经检查合格；

② 所准备的材料应满足单桩连续灌注；

③ 当孔底积水厚度小于 100 mm 时，可采用干法灌注，否则应采取措施处理；

④ 当采用干法灌注时，混凝土应通过串筒或导管注入桩孔，串筒或导管的下口与混凝土面的距离为 1～3 m；

⑤ 桩身混凝土灌注应连续进行，不留施工缝；

⑥ 桩身混凝土，每连续灌注 0.5～0.7 m，应插入振动器振捣密实一次；

⑦ 对于出露地表的抗滑桩，应按有关规定进行养护，养护期应在 7 天以上。

（9）桩身混凝土灌注过程中，应取样做混凝土试块。每班、每百立方米或每搅百盘，取样应不少于一组。不足百立方米时，每班都应取。

（10）当孔底积水深度大于 100 mm，但有条件排干时，应尽可能采取增大抽水能力或增加抽水设备等措施进行处理。

（11）若孔内积水难以排干，应采用水下灌注的方式进行混凝土施工，保证桩身混凝土质量。

（12）水下混凝土应具有良好的和易性，其配合比应按计算和试验综合确定。水灰比宜为 0.5～0.6，坍落度宜为 160～200 mm，沙率宜为 40%～50%，水泥用量不宜少于 350 kg/m^3。

（13）灌注导管应位于桩孔中央，底部设置性能良好的隔水栓。导管直径宜为 250～350 mm。导管使用前应进行试验，检查水密、承压和接头抗拉、隔水等性能。进行水密试验的水压应不小于孔内水深的 1.5 倍。

（14）水下混凝土灌注应按下列要求进行：

① 为使隔水栓能顺利排出，导管底部至孔底的距离宜为 250～500 mm。

② 为满足导管初次埋置深度在 0.8 m 以上，应有足够的超压力能使管内混凝土顺利下落并将管外混凝土顶升。

③ 灌注开始后，应连续地进行。每根桩的灌注时间不应超过表 5-8 的规定。

表 5-8　单根抗滑桩的水下混凝土灌注时间

灌注量 /m³	< 50	100	150	200	250	≥ 300
灌注时间 /h	≤ 5	≤ 8	≤ 12	≤ 16	≤ 20	≤ 24

④ 灌注过程中，应经常检测混凝土面位置，力求导管下口埋深在 2～3 m，不得小于 1 m。

⑤ 对灌注过程中的井内溢出物，应引流至适当地点处理，防止污染环境。

(15) 若桩壁渗水并有可能影响桩身混凝土质量，灌注前宜采取下列措施：

① 使用堵漏技术堵住渗水口；

② 使用胶管、积水箱（桶）并配以小流量水泵排水；

③ 若渗水面积大，则应采取其他有效措施堵住渗水。

(16) 抗滑桩的施工应符合下列安全规定：

① 监测应与施工同步进行。当滑坡出现险情并危及施工人员安全时，应及时通知人员撤离。

② 孔口应设置围栏，严格控制非施工人员进入现场。人员上下可用卷扬机和吊斗等升降设施，同时应准备软梯和安全绳备用。孔内有重物起吊时，应有联系信号，统一指挥，升降设备应由专人操作。

③ 井下工作人员应戴安全帽，且不宜超过 2 人。

④ 每日开工前，应检测井下的有害气体。孔深超过 10 m 后或 10 m 内有 CO、CO_2、NO、NO_2、甲烷及瓦斯等有害气体并且含量超标或氧气不足时，均应使用通风设施向作业面送风。井下爆破后，应向井内通风，将炮烟、粉尘全部排除后，方能下井作业。

⑤ 井下照明应采用 36 V 安全电压，进入井内的电气设备应接零接地，并装设漏电保护装置，防止发生漏电触电事故。

⑥ 井内爆破前，应经过设计计算，避免药量过多造成孔壁坍塌，应由已取得爆破操作证的专门技术工人负责。起爆装置宜用电雷管，若用导火索，其长度应能保证点炮人员安全撤离。

(17) 抗滑桩属于隐蔽工程，施工过程中，应做好对滑带的位置、厚度等各种施工和检验的记录。对于发生的故障及其处理情况，应记录备案。

4.抗滑桩的施工安全措施

抗滑桩应制定周密可靠的安全技术措施、操作规定，并严格贯彻执行，施工中加强安全教育和经常检查。

（1）桩孔开挖过程中，应经常检查孔中有无缺氧和有害气体，必要时向孔内输送新鲜空气。当孔中有积水时，应先排水，然后下孔施工。

（2）孔中作业人员必须戴安全帽，上下须系安全绳，井口配安全可靠的求生绳梯。工作人员上下井，必须使用合格可靠的机械设备，且有自动保护装置，每班使用前要仔细检查。孔中有人施工，孔口必须有人。

（3）井口作业人员应挂安全带，提土时，孔中设安全区，弃土及时运出，不得堆置在孔口。挖孔暂停施工时，井口用盖板盖好。按设计要求，护壁必须及时浇筑。

（4）井下施工应有足够的照明，孔中安全照明设 1 000 W 防水带罩安全灯泡，现场电闸开关加箱盒，做好防雨、防潮保护措施，电线架空并安装漏电保护装置。

（5）井下通信联络要畅通，施工时井口有人，井下作业人员必须经常注意观察，井下是否存在塌方、漏水等现象，如发现异常情况应停止作业，并立即采取排险措施。

5.1.5.8 砌石护坡

边坡整体稳定但其岩土体易风化、剥落，或有浅层崩塌、滑落及掉块等影响边坡坡面的耐久性或正常使用，或可能威胁到人身和财产安全及边坡环境保护要求的情况时，应进行坡面防护。

边坡防护工程应在稳定的边坡上设置。对于边坡稳定性不足和存在不良地质因素的坡段，应先采用治理措施保证边坡整体安全性，再采取坡面防护措施。坡面防护措施应能保持自身稳定。

坡面防护工程一般分为工程防护和植物防护两大类。工程防护存在的主要问题是与周围环境不协调、景观效果差。在城市建筑边坡坡面防护中，应尽量使景观设计与环境保护相结合，注意与周围自然环境和当地人文环境的融合，如在边坡碎落台、平台上种植攀藤植物（如爬墙虎），或者采用客土喷播等岩面植生（植物防护与绿化）措施，以减少对周围环境的不利影响。

对于位于地下水和地面水较为丰富地段的边坡,其坡面防护效果直接与水的处理密切相关,应进行边坡坡面防护与排水措施的综合设计。

砌石护坡用于边坡坡面防护时,应注意与边坡渗沟或仰斜排(泄)水孔等配合使用,防止边坡变形。浆砌片石护坡高度较大时,应设置防滑耳墙,保证护坡砌体稳定。

1. 砌石护坡技术要求

(1)砌石护坡可采用浆砌条石、块石、片石、卵石或混凝土预制块等作为砌筑材料,适用于坡度缓于1:1的易风化的岩石和土质挖方边坡。

(2)石料强度等级应不低于MU30。浆砌块石、片石、卵石护坡的厚度不宜小于250 mm。

(3)预制块的混凝土强度等级应不低于C20,厚度不小于150 mm。

(4)铺砌层下应设置碎石或沙砾垫层,厚度不宜小于100 mm。

(5)砌筑砂浆强度等级应不低于M5.0,在严寒地区和地震地区或水下部分的砌筑,砂浆强度等级应不低于M4.5。

(6)砌石护坡应设置伸缩缝和泄水孔。

(7)砌石护坡伸缩缝间距宜为20～25 m,缝宽20～30 mm。在地基性状和护坡高度变化处,应设沉降缝,沉降缝与伸缩缝宜合并设置,缝中应填塞沥青麻筋或其他有弹性的防水材料,填塞深度应不小于150 mm。在拐角处应采取适当的加强构造措施。

2. 砌石护坡形式

砌石护坡有干砌石和浆砌石两种形式,应根据不同需求选用。

(1)干砌石护坡

坡面较缓(1:0.25～1:0.3)、受水流冲刷较轻的坡面,采用单层干砌块石护坡或双层干砌块石护坡。坡面有涌水现象时,应在护坡层下铺设15 cm以上厚度的碎石、粗砂或沙砾作为反滤层,封顶用平整块石砌护。干砌石护坡的坡度,根据土体的结构性质而定,土质坚定的砌石坡度可陡些,反之则应缓些。一般坡度为1:0.25～1:0.3,个别可为1:2。

(2)浆砌石护坡

坡度在1:1～1:2之间,或坡面位于沟岸、河岸,下部可能遭受水流冲刷,且洪水冲击力强的防护地段，宜采用浆砌石护坡。浆砌石护坡由面层和起反滤层作用的垫层组成。面层铺砌厚度为 25～35 cm，垫层又分单层和双层两种，单层厚 5～15 cm，双层厚 20～25 cm。原坡面如为沙、砾、卵石，可不设垫层。对于长度较大的浆砌石护坡，应沿纵向每隔 10～15 m 设置一道宽约 2 cm 的伸缩缝，并用沥青或木条填塞。

3. 浆砌石护坡施工工艺流程

测量放线—坡面修整—基础开挖—基础、坡面浆砌—勾缝—养生。

4. 浆砌石护坡施工要求

（1）单个片石石料厚度不小于 30 cm，镶面材料尺寸稍大并具有较平整的表面，且稍加粗凿。在角隅处应使用较大石料，大致粗凿方正。

（2）石料砌筑时应清洗干净，表面湿润，砂浆应捣实饱满。砂浆应采用小型拌和设备随拌随用，严禁人工就地拌和。

（3）所有石料应分层砌筑。当分段施工时，相邻段砌筑高度不大于 1.2 m。砌筑的平缝应交错锁结，不得贯穿，接缝用瓜米砂浆填实，所有外露缝应用砂浆勾缝。

（4）每个工作日结束后，应做好湿水养生工作，下一工作日开始时，应凿除表面松散的砂浆，并用砂浆满铺后进行砌筑。

5. 浆砌石护坡施工方法

（1）边坡修整与护坡放样

修整边坡，并对坡面进行人工整平。在确保边坡坡度准确、坡面平整后，即可进行护坡的放样，放样严格按照设计图纸几何尺寸要求实施。

（2）护坡基础开挖

护坡开挖采用人工与机械进行开挖，并严格按照图纸设计尺寸要求开挖。

（3）浆砌片石砌筑

①原材料采用

水泥：采用进场合格的水泥，并且保证在使用过程中水泥存放符合要求。

沙子：采用级配良好、质地坚硬、颗粒洁净的中沙。

片石：用于浆砌工程的片石，强度不得低于 30 MPa。片石砌筑前必须浇水湿润，并将表面灰尘、泥土冲洗干净。

②砌筑

a. 施工时须挂线砌筑，并经常对其进行复核，以保证线形平顺、砌体平整。

b. 砌体与坡面紧密结合，砌筑片石咬口紧密，错缝砂浆饱满，不得有通缝、叠砌、贴砌和浮塞，砌体勾缝要牢固美观。

c. 根据设计图纸设置伸缩缝和沉降缝的尺寸，伸缩缝间距 $10 \sim 20$ m，充填沥青麻絮，按设计分段砌筑。

d. 砌缝宽度、错缝距离应符合规定，勾缝坚固、整齐，深度和形式符合要求。

（4）水泥砂浆勾缝

①勾缝砂浆应采用细沙和较小的水灰比，水灰比控制在 $1:1 \sim 1:2$ 之间。

②清缝应在砌筑 24 h 后进行，缝宽不小于砌缝宽度，缝深不小于缝宽的 2 倍。勾缝前必须将槽缝冲洗干净，不得残留灰渣和积水，并保持缝面湿润。

③勾缝砂浆必须单独拌制，严禁与砌体砂浆混用。

④当勾缝完成和砂浆终凝后，砌体表面应刷洗干净，至少用浸湿物覆盖保持 21 天。在养护期间，应经常洒水，使砌体保持湿润，避免碰撞和震动。

（5）养生

应在砂浆初凝后覆盖养生 7 天。养护期间，应避免碰撞、震动或受压，特别是每个工作班结束时，要求整体养生一遍，并用被水渗透过的麻袋覆盖。

6. 浆砌石护坡施工质量控制

（1）原材料质量。沙、片石、水泥进场后按规范进行检测，抽检合格后方可使用，严禁使用风化和有水锈的石料。水泥必须附有出厂合格证等质量证明文件。

（2）严格按施工配合比拌制砂浆，保证计量正确。现场来料后，及时将原材料按规定取样送试验室确定配合比。现场材料配合比计量偏差不得超过下列数值：水泥和外掺混合材料按重量计为 $\pm 2\%$，骨料按重量计为 $\pm 3\%$，水按重量计为 $\pm 2\%$。

（3）在砌筑基础、骨架时，均采用挤浆法操作。拌制水泥砂浆须严格计量，每个工点有专人负责计量工作，严格按照施工配合比配料。

（4）砌体的砂浆强度、平面位置、断面尺寸、平整度、坡率、砌缝等符合要求，砌体表面平顺、圆滑，砂浆饱满且勾缝均匀、平顺、无脱落现象，无通缝、三角缝和瞎缝。

5.1.5.9 主动防护网

主动防护网是用以钢丝绳网为主的各类柔性网覆盖包裹在所需防护斜坡或岩石上，限制坡面岩石土体的风化剥落或破坏以及危岩崩塌，将落石控制于一定运动范围内，以保护行人和车辆安全通过的防护工具。

主动防护网的明显特征是采用系统锚杆固定，并根据柔性网的不同，分别通过支撑绳和缝合张拉（钢丝绳网和铁丝格栅）来对柔性网部分实现顶张，从而对整个边坡形成连续支撑。其预张拉作业使系统尽可能紧贴坡面并形成了抑制局部岩土体移动或在发生局部位移与破坏后将其裹缚（滞留）在原位附近的预应力，从而实现主动防护（加固）作用。

主动防护网能使系统将局部集中荷载向四周均匀传递，以充分发挥整个系统的防护能力，即局部受载、整体作用，从而使系统能承受较大的荷载并降低单根锚杆的锚固力。

主动防护网具有开放性，防护范围内地下水可以自由排泄，避免了由于地下水压力的升高而引起的边坡失稳问题。该系统除对稳定边坡有一定贡献外，还能抑制边坡遭受进一步的风化剥蚀，且对坡面形态特征无特殊要求，不破坏和改变坡面原有的地貌形态与植被生长条件。其开放特征给随后或今后有条件并需要实施人工坡面绿化保留了必要的条件，绿色植物能够在其开放的空间上自由生长，植物根系的固土作用与坡面防护系统结为一体，从而防护坡面破坏和水土流失，反过来又保护了地貌和坡面植被，有利于实现最佳的边坡防护和环境保护效果。

主动防护网结构配置主要有钢丝绳网、钢丝绳锚杆、支撑绳、缝合绳、钢丝绳绳卡、钢丝格栅网等。

主动防护网施工工艺主要为清坡、测量放线、基础施工、锚杆安装、套环加工及锚头封闭、支撑绳安装与调试、格栅铺挂、钢绳网铺挂与缝合。

1. 清坡

在多数情况下，清坡工作并不是必需的，但以下两种情况是需要加以考虑的：一是当坡面上特别是施工人员的活动范围内存在浮土或浮石时，对可能因施工活动引起崩塌、滚落而威胁施工安全的，宜予以清除或就地临时处理。二是对坡面上存在的将来发生崩塌可能性很大的个别块孤危石，若它（们）的崩落可能带来系统的大量维护工作，甚至超过系统的防护能力，则宜对其作适当的支撑加固处理或予以事先清除。

2. 测量放线

测量放线以确定锚杆孔位（根据地形条件，孔间距可有 0.3 m 的调整量）。在孔间距允许的调整范围内，尽可能在低凹处选定锚杆孔位；对非低凹处或不能满足系统安装后尽可能紧贴坡面要求的锚杆孔（一般连续悬空面积不得大于 5 m^2），宜增设长度不小于 0.5 m 的局部锚杆，该锚杆可采用直径不小于 12 mm 的带弯钩的钢筋锚杆或直径不小于 12 mm 的双股钢绳锚杆。

3. 基础施工

基础施工主要是为了保证锚杆的锚固能力，对于本身为基岩或坚硬岩土的位置，则具体化为锚杆孔的钻凿，而对于不能直接成孔的松散岩土体位置，则还可能包括基坑开挖、砼基础浇筑。按设计深度钻凿锚杆孔并清孔，孔深应大于设计锚杆长度 5～10 cm，孔径不小于 42 mm。当受凿岩设备限制时，构成每根锚杆的两股钢绳可分别锚入两个孔径不小于 35 mm 的锚孔内，形成"人"字形锚杆，两股钢绳间夹角为 15°～30°，以达到同样的锚固效果。当局部孔位处于因地层松散或破碎而不能成孔的位置时，可以采用断面尺寸不小于 0.4 m×0.4 m 的 C15 砼基础置换不能成孔的岩土段。

4. 锚杆安装

对于直接成孔的锚杆位置，锚杆在注浆前连同注浆管一同埋设。对于采用砼基础的位置，锚杆一般在浇筑基础砼的同时直接埋设。

插入锚杆并注浆，采用标号 M30 的砂浆。水泥宜用 42.5 号普通硅酸盐水泥，优先选用粒径不大于 3 mm 的中细沙，确保浆液饱满。在进行下一道工序前，注浆体养护不少于 3 天。

5. 套环加工及锚头封闭

制作钢丝绳套环，采用长 50 cm 直径为 16 mm 的钢丝绳弯曲成环形，连接处用 2 个 U 形卡扣上牢。在每一孔位处凿一定深度的凹坑，一般为口径 20 cm、深 15 cm。将套环悬挂于锚杆尾部弯钩上，锚杆外露套环顶端不能高出地表。

用 C25 细石混凝土封闭凹坑（套环大部露出混凝土，套环与锚杆弯钩连接处必须封闭于混凝土内）。

6. 支撑绳安装与调试

为确保支撑绳张拉后尽可能紧贴地表，安装纵横向支撑绳（横向采用直径为 16 mm 的钢丝绳，纵向采用直径为 12 mm 的钢丝绳）后采用紧线器或手拉葫芦张拉，拉紧后两端各用 2～4 个（支撑绳长度小于 15 m 时为 2 个，大于 30 m 时为 4 个，其间为 3 个）U 形卡扣与锚杆外露套环固定连接。

7. 格栅的铺挂

拟采用 DO/08/300/4×4 型钢丝绳网（长 4 m、宽 4 m）与 SO/2.2/50/2.25×10.02 型钢丝格栅网（长 10.02 m，宽 2.25 m）从上向下铺挂格栅网，格栅网间重叠宽度不小于 5 cm。两张格栅网间的缝合以及格栅网与支撑绳间用直径为 1.5 mm 的铁丝进行扎结。当坡度小于 45° 时，扎结点间距不得大于 2 m；当坡度大于 45° 时，扎结点间距不得大于 1 m（有条件时，本工序可在前一工序前完成，即将格栅网置于支撑绳之下）。

8. 钢绳网铺挂与缝合

从上向下铺设钢绳网并缝合，用直径为 8 mm 的钢丝绳作为缝合绳配合 U 形卡扣与套环进行固定。

主动防护网施工工程的质量要求如下：

（1）锚杆末端必须开凿凹坑，以套环不露出地表为准；

（2）锚杆末端凹坑必须用混凝土封闭，且只能用混凝土封闭，不得采用砂浆替代；

（3）纵横向支撑绳穿插完毕后，必须采取有效措施收紧，务必使防护网紧贴岩壁。

（4）灌注后 3 天内，严禁进行下一道工序。

主动防护网施工的安全防护措施如下：

（1）高空作业时，必须采用安全绳、安全带等措施加强对作业人员和坡面作业机具的保护。

（2）施工作业面脚手架下方设人行通道并作防护处理，注意下方人员安全。坡上作业期间，若坡脚为行人过往的通道，应采取作业工作区看守控制等安全保护措施。

（3）注意施工用电安全。处理机械故障时，必须使设备断电、停风；向施工设备送电、送风前，应通知相关的施工人员。

主动防护网施工的环保要求如下：

（1）（废渣）弃土运至指定弃土场内，严禁在施工区随意堆放；

（2）必须采取各种措施，限制和降低施工过程中的噪声和粉尘污染；

（3）在锚杆末端凹坑进行混凝土施工时，注意保护现场，防止破坏环境。

5.1.5.10 被动防护网

被动防护网由钢丝绳网或环形网（需拦截小块落石时附加一层铁丝格栅）、固定系统（锚杆、拦锚绳、基座和支撑绳）、减压环和钢柱4个主要部分构成。钢柱和钢丝绳网连接组合构成一个整体，对所防护的区域形成面防护，从而阻止崩塌岩石土体的下坠，起到边坡防护作用。

被动防护网的柔性和拦截强度足以吸收和分散传递 500 KJ 以内的落石冲击动能，消能环的设计和采用使系统的抗冲击能力得到进一步提高。SNS 被动防护网与刚性拦截和砌浆挡墙相比，改变了原有的施工工艺，缩短了工期，降低了资金。

施工前，按设计并结合现场地形对钢柱和锚杆基础进行测量定位，现场放线长度应比设计系统长度增加3%～8%。对于地形起伏较大、系统布置不能沿同一等高线呈直线布置的取上限（8%），对于地形较平整规则、系统布置能基本在同一等高线沿直线布置的取下限（3%）。在此基础上，柱间距的调整范围为设计间距20%的缩窄或加宽。

1. 基座及拉锚绳施工

（1）根据设计测量确定拉锚及基座位置，现场放线长度应比设计系统长度增加3%～8%。沿着基座位置修一条基本等高的小道，同时清除或就地临时处理坡面防护内的浮土及浮石。在确保系统稳定和所配置的拉锚绳长度足够的基础上，允许灵活调整。拉锚锚杆在确保向下的角度不小于45°的基础上，宜与拉锚绳方位一致。

（2）桩孔开挖及灌注混凝土（土质地层）或钻凿锚孔并清孔（岩质地层）。对于地脚螺栓锚杆，孔深误差不宜大于 50 mm。开挖桩孔灌注混凝土时，对于覆盖层不厚的地方，开挖至基位达到设计深度时，在基坑内的锚孔位置处钻凿锚孔，待锚杆插入基岩并注浆后，再浇筑上部基础砼。

（3）锚杆安装与注浆。锚杆杆体使用前应平直、除锈、除油。锚杆应位于钻孔中部，杆体出入孔内长度应不小于设计规定的 95%。地脚螺栓外露丝口端长度应不小于 80 mm。每个基座的 4 根地脚螺栓锚杆间的纵横间距误差应不大于 5 mm。锚杆安装后，其外露环套不应高出地面。注浆锚杆长度大于 3 m 时，宜采用机械注浆。锚杆安装后不得随意敲击，3 天内不得悬挂重物或进行会使其受载的下道工序施工。注浆砂浆强度等级应不低于 M20。

2. 基座安装

（1）安装基座的基础顶面应平整，一般高出地面 10 cm 以下，以使下支撑绳尽可能紧贴地面；但不可太深，以免防护网防护高度降低或基座坑积水。

（2）基座安装时必须使其挂座朝向坡下。

3. 工字钢柱和上、侧拉锚绳安装

将工字钢柱先顺边坡一一摆放在基座上，将上拉锚绳的挂环分别挂于钢柱顶端挂座和锚杆上，最后调整钢柱方位并与基座固定，误差不得大于 5°，拉紧上、下拉锚绳并最终固定。侧拉锚绳安装与上同。拉锚绳的绳端用不少于 4 个绳卡固定。上拉锚绳上的减压环宜距钢柱顶 0.5～1 m。

4. 上、下支撑绳安装、调试

上、下支撑绳都是双绳，先安装上支撑绳，再安装下支撑绳，第二根下支撑绳与第一根安装同法反向。在距减压环约 40 cm 处用一个绳卡将 2 个底部支撑绳相互连接，形成 2 根相互交错的双支撑绳结构。

5. 挂钢绳网并缝合

将钢绳网展开放在两根钢柱之间，用挂在上支撑绳上的五六个紧线器将绳网拉起来，一直把它的上缘拉到与上支撑绳齐平。将缝合绳的中点固定在每一张网的上缘中央，从中点开始分别向左右一个网眼一个网眼地把钢绳网和支撑绳缝合在一起。到安装消能环的地方，用缝合绳将钢绳网与不带消能环的那一根支撑绳缝合起来。到达柱顶时，将缝合绳从挂座的前侧穿过，不要缠绕在挂座上。转向下顺着钢柱继续缝合，到柱底后也从挂座的前侧通过，将钢绳网和下支撑绳缝合在一起。遇到消能环时，同样只与不带消能环的下支撑绳缝合在一起。到了钢绳网下缘中点,两边的缝合绳各穿过中点 1 m,用绳卡在距中点 0.5 m 和 1 m 处固定,使缝合绳在网下缘的重叠长度超过 1 m。

6. 格栅网的铺设

格栅网铺设在钢绳网的内侧,上缘要高于上支撑绳,并要翻转到钢绳网的外侧,叠压宽度不小于 15 cm。栅底部要沿边坡面向上铺设 0.5 m,封住下支撑绳与地之间的缝隙,并用石块压住。相邻两块格栅网之间叠压宽度不小于 10 cm。用扎丝将格栅网固定在钢绳上,每 1 m² 的固定点不少于 4 个。

5.1.6 固结灌浆

固结灌浆是利用钻孔将高标号的水泥浆液或化学浆液压入岩体中,使之封闭裂隙,加强基岩的完整性,达到提高岩体强度和刚度的目的。常规的灌浆是在整个工作面内大面积进行,此时应分批逐步完成整个灌浆工程。应根据地质条件等合理设计灌浆孔深、孔距、灌浆压力和浆液稠度,亦即先进行灌浆试验。有时为了处理断层、软弱夹层和溶洞等,须进行特殊的灌浆方法。其主要作用如下:

(1)提高岩体的整体性与均质性;

(2)提高岩体的抗压强度与弹性模量;

(3)减少岩体的变形与不均匀沉陷。

1. 灌浆方式

灌浆方式有循环式和纯压式两种。

2. 灌浆技术要求

(1)灌浆孔的施工按分序加密的原则进行,可分为二序施工或三序施工。每孔采取自上而下分段钻进、分段灌浆或钻进终孔后进行灌浆等方式。

(2)灌浆孔基岩段长度小于 6 m 时,可全孔一次灌浆。当地质条件不良或有特殊要求时,可分段灌浆。灌浆压力不大于 3 MPa 的工程,灌浆孔应分段进行灌浆。

(3)灌浆孔应采用压力水进行裂隙冲洗,直至回水清澈。冲洗压力可为灌浆压力的 80%,当该值大于 1 MPa 时,应采用 1 MPa。

(4)灌浆孔灌浆前的压水试验应在裂隙冲洗后进行,采用单点法。试验孔数不宜少于总孔数的 5%。

（5）在不抬动基础岩体和盖重砼的原则下，固结灌浆压力宜尽量提高。

（6）在规定的压力下，当注入率不大于 0.4 L/min 时，连续灌注 30 min 后，灌浆可以结束。

（7）固结灌浆质量压水试验检查、岩体波速检查、静弹性模量检查应分别在灌浆结束 3～7 天、14 天、28 天后进行。

（8）灌浆质量压水试验检查，孔段合格率应在 80% 以上，不合格孔段的透水率值不超过设计规定值的 50%，且不集中。

（9）灌浆孔封孔应采用机械压浆封孔法或压力灌浆封孔法。

3. 施工工艺

固结灌浆的施工顺序为：钻孔—冲洗—压水试验—灌浆—封孔—检查—需要时进行补灌。

岩石地质条件复杂时，一般先进行现场固结灌浆试验，确定技术参数（孔距、排距、孔深、布孔形式、灌浆次序、压力等）。浅层固结灌浆孔多用风钻钻孔，深层孔多用潜孔钻或岩心钻钻孔。平面布孔形式有梅花形、方格形和六角形。排距和最终孔距一般为 3～6 m，按逐渐加密的方式钻灌。灌浆材料以水泥浆液为主，在岩石节理、裂隙发育地段，吃浆量很大时，常改灌水泥砂浆。灌浆时先从稀浆开始，逐渐变浓，直至达到结束标准。灌浆全部结束后，固结效果的检查方法有 3 种：①钻检查孔进行压水试验和岩心检查；②测定弹性波速与弹性模量；③必要时开挖平洞或竖井直观检查。

造孔机械可根据钻孔终孔深度确定。终孔深度小于 5 m 时，宜选用风动或电动凿岩机；终孔深度大于 5 m 时，宜选用回转式钻机或潜孔锤冲击回转钻机。

固结灌浆造孔应遵守下列规定：

（1）灌浆孔成孔后，应将孔内岩粉冲洗干净，并用压力水冲洗裂隙，其冲洗压力可为灌浆压力的 80%，但不大于 1 MPa，直至回水清澈为止。

（2）压水试验的目的在于测定围岩的吸水性，核定围岩的渗透性，为灌浆时确定泵量、泵压及浆液浓度或配方提供依据。同时，冲洗钻孔，检查止浆塞和灌浆管路情况。

固结灌浆前，应按设计和灌浆规范规定进行压水试验，试验孔数应不少于总孔数的 5%。钻孔总数少时，由设计单位确定。

灌浆造孔成孔后，应进行质量检验。检验内容包括钻孔坐标、倾角、方位角、孔径、深度（包括所穿过地层的位置及厚度）和冲洗质量。

（3）确定合适的灌浆压力。从理论上讲，这是很困难的，因为影响因素较多，如地质及水文地质条件，浆液类型、浓度、注入方式、注入时间等。固结灌浆（包括高压固结灌浆）压力应按施工详图或监理工程师规定的压力使用，实施时调好压力调节旋钮，严格控制灌浆压力，防止压力过大，造成围岩错动或抬动。

灌浆过程中应控制注浆压力，一般有两种方法：

① 一次升压法：灌浆开始后，在较短时间内将压力升到设计规定值，并保持至注浆结束。在规定压力下，每一级浓度浆液的累计吸浆量达到一定限度后，浆液加浓一级。随着浆液的逐级加浓，单位吸浆量逐渐减少直至达到结束标准。

② 分级升压法：灌浆过程中将规定压力分为 2～3 个阶段，逐级升至设计规定值。

一般采用一次升压法，但当围岩渗漏大，或者单位吸量极大时，可采用分级升压法。

（4）固结灌浆浆液浓度应遵循"由稀到浓、逐级变换"的原则。浆液的变换，在同一浓度下注浆持续一定时间后，压入量达到一定数量而灌浆压力回吸浆量均无显著改变时，即可加浓一级。若加浓后压力显著增大（在规定压力下自动停机）或吸浆量突减时，均说明变换可能不当，应立即恢复原来的浓度。

（5）固结灌浆一般应连续进行，若因固结而中断则必须马上处理，在 30 min 内恢复灌浆，超过 30 min 应进行钻孔冲洗。当灌注最浓一级浆液，吸浆量仍然很大且无减少趋势时，可采用间隙灌浆法。

（6）灌浆结束：在规定压力下，如灌浆段吸浆量不大于 0.4 L/min 持续灌注 30 min，灌浆工作即可结束。

（7）封孔：全孔灌浆工作完成后，排除孔内稀浆，即时封孔可直接用干硬性水泥砂浆封填。

（8）灌浆检查要求如下：

①固结灌浆检查以压水试验成果为主，检查孔的数量不宜少于灌浆孔总数的 5%。

②高压固结灌浆以压水试验成果、灌浆前后物探成果、灌浆有关施工资料为主，并结合其他资料综合评定。

③固结灌浆孔压水试验在该部位灌浆结束 7 天后才能进行。

④围岩破碎、节理发育、断层带、施工故障等部位应作为检查重点。

⑤压水试验按下式计算吸水率：

$$q=Q/PL$$

式中：q 为吸水率，Q 为单位时间内钻孔在恒压下的吸水量（L/min），P 为试验压力（10 kPa），L 为试验钻孔孔深（m）。

吸水率应满足设计或规范要求。压水试验检查孔合格率应在 80% 以上。

5.1.7 渗水盲沟、渗水隧洞、排水孔

地下水通常是诱发滑坡的主要因素，排除有害的地下水尤其是滑带水，是治理滑坡的一项有效措施。滑坡地下排水系统包括截水盲沟、支撑盲沟、渗水盲沟、截水隧（盲）洞、平孔排水、仰斜孔群、垂直孔群等工程设施。

1. 截水盲沟

截水盲沟设置于滑坡可能发展范围 5 m 以外的稳定地段，与地下水流向垂直，一般作环状或折线形布置，目的在于拦截和旁引滑坡范围以外的地下水。这种盲沟由集水和排水两部分组成，断面尺寸由施工条件决定，沟底宽度一般不小于 1 m。盲沟的基底要埋入补给滑带水的最低一层含水层之下的不透水层内。为了维修和清淤方便，在截水盲沟的转折点和直线地段，每隔 30～50 m，都要设置检查井。

2. 支撑盲沟

支撑盲沟是一种兼具排水和支撑作用的工程设施。对于滑动面埋藏不深，滑坡体有大量积水，或地下水分布层次较多、难于在上部截除的滑坡，可考虑采用修建盲沟的方式来进行治理。支撑盲沟布置在平行于滑坡滑动方向有地下水露头处，从滑坡脚部向上修筑。有时在上部分岔成支沟，支沟方向与

滑动方向成 30°～45° 交角。支撑盲沟的宽度根据抗滑需要、沟深和便于施工的原则来确定，一般为 2～4 m。盲沟基底应砌筑在滑动面以下 0.5 m 的稳定地层中，修成 2%～4% 的排水纵坡。如果滑坡推力较大，可考虑采用支撑盲沟与抗滑挡墙结合的形式，这种联合形式的防治效果更好。

3. 渗水盲沟

渗水盲沟指的是在地下设置的充填碎、砾石等粗粒材料并铺以倒滤层（有的其中埋设透水管）的排水、截水暗沟。盲沟又叫渗沟，是一种地下排水渠道，用以排除地下水，降低地下水位，能有效排泄坡体中的地下水，提高土体强度，增强边坡稳定性。在露天矿山生态修复中，渗水盲沟是滑坡防治工程的有效措施之一。

渗水盲沟施工工序及工艺流程如下：

（1）测量放样：场地处理完成后，根据设计图定出盲沟的开挖边线，并用石灰注明，增设施工平面高程控制桩。

（2）采用挖掘机等机械对盲沟进行开挖，人工配合修整。开槽时，应同时采取防水、排水措施，避免槽底被水浸泡，并尽量缩短开槽的暴露时间。开槽后如不能立即进行下一道工序，应保留 10～30 cm 的深度不挖，待下道工序施工前整修到设计槽底高程，同时预留 20 cm 左右的一层用人工清挖。

沟槽开挖中基坑土应及时运走，并人工修整基坑。严禁扰动槽底，如发生超挖，应按设计要求进行回填。开挖过程中，应注意沟槽的坡度、断面尺寸、深度。

开槽过程中，要经常检查槽帮是否稳定，一经发现变形、裂缝，必须立即停止施工，进行处理。

（3）夯实沟槽地基：沟槽开挖达到设计深度后，沟底地基采用蛙式打夯机配合人工进行夯实。

（4）敷设土工布：人工先将土工布立放于已挖成形的两侧沟壁，土工布铺设后应适当拉平，并保持一定松弛度，随之用石块固定。敷设土工布时，沟面上要留有一定的土工布卷边，以包裹碎石填料。土工布之间留 30 cm 搭接长度，以保证过滤效果。

（5）设置反滤层：筛选过的中沙、粗沙、碎石等渗水材料，按设计要求确定层数和粒径级配。碎石表面应清洁，铺设应整齐规范，孔隙应清晰，以保证流水通畅。其中，在盲沟底部第一层用粒径为 10～30 mm 的碎石填筑，碎石一般采用人工铺设，表面要求平整；之后选用粒径为 5～10 mm 的碎石继续填筑，可采用小型装载机将碎石填入沟槽中，防止破坏土工布；最后顶层填筑中、粗沙。

（6）填料完成后，人工将盲沟顶部土工布敷设完成。土工布所有横向、纵向的搭缝交替错开，搭接长度不小于 30cm。

（7）为防止盲沟上面土石方填筑时对盲沟造成破坏，应在盲沟的土工布上面铺设一层细料，震动碾压密实。

4. 截水隧（盲）洞

在滑坡的上部滑带以下 2～3 m 的滑床中设垂直于地下水流向的隧洞，其截面一般高 2 m、宽 2 m，贯穿滑坡，向滑坡两侧或一侧的冲沟中排水。洞顶至地面间设直径为 1.5～2 m 的渗井和检查井，间距 50～60 m，井间设直径为 15～30 cm 的渗管，间距 5～7 m，形成截水帷幕，截断流入滑坡的地下水。

截水隧（盲）洞施工技术要求一般如下：

（1）地下排水隧洞施工时，当地层比较完整、地质条件较好时，开挖、衬砌和灌浆 3 个施工过程可依次进行，即先将隧洞全部挖通，以后再进行衬砌和灌浆；但当岩层破碎地质条件不良时，应边开挖边衬砌。

（2）隧洞开挖可依据滑坡具体地质情况，选择人工开挖或钻孔爆破法。当使用钻孔爆破法时，应根据岩层完整程度确定全断面开挖或导洞开挖；在地下水比较丰富的地段，宜采用下导洞开挖。

（3）对于不稳定地层，在开挖爆破后永久衬砌前，应采取木支撑、钢支撑或喷混凝土锚杆支护等临时支护措施。

（4）在特别软弱或大量涌水的地层中开挖隧洞，应采用超前灌浆或管棚加固方法先将地层预先加固，然后再进行开挖。

（5）隧洞浇砌应沿轴线方向分段进行。当结构设有永久缝时，按永久缝施工和设置止水。如永久缝间距过大或无永久缝时，应设临时施工缝分段浇砌，段长宜为 8～15 m。为避免窝工，可采用路仓浇砌。在横断面上浇砌，顺序应为先底拱，后边墙和顶拱。若地质条件差，也可先顶拱，后边墙，最后底拱。

5. 平孔排水

在滑坡体内地下水分布尚不十分清楚时，在滑坡的后部和前部打平孔，降低地下水位，减小孔隙水压力，减缓或暂时停止滑体的移动，为勘察和根治工程施工创造条件。平孔排水作为一种永久性排水工程可以单独使用，也可以和渗水盲洞或竖井结合使用。

6. 仰斜孔群

仰斜孔群是一种用近于水平的钻孔把地下水引出，从而达到滑坡体疏干排水、使滑坡稳定的目的。仰斜式排水孔是排泄挖方边坡上地下水的有效措施，当坡面上有集中地下水时，采用仰斜式排水孔排泄，且成群布置，能取得较好的效果。仰斜式排水孔的位置可按滑体地下的水分布情况布置在汇水面积较大的滑面凹部。孔的仰斜角度应按滑动面倾角以及稳定的地下水面位置而定，一般为 $10°\sim 15°$。孔径的大小由施工机具和孔壁加固材料决定，可以从几十毫米到 100 mm 以上。如果仰斜式排水孔作为长期的排水通道使用，那么孔壁就需要用镀锌铜滤管、塑料滤管或竹管加固，也可用风压吹沙填塞钻孔。当含水土层（如黄土）渗透性较差时，可采取沙井－仰斜式排水孔联合排水措施，以沙井聚集滑坡体内的地下水，用斜孔穿连沙井并把水排出。这种排水措施，原则上斜孔应打在滑动面以下。沙井的井底以及沙井与斜孔的交接点，也要低于滑动面。沙井中的充填料应保证孔隙水可以自由流入沙井，而沙井又不会被细粒沙土所淤积。

7. 垂直孔群

垂直孔群是一种用钻孔群穿透滑动面，把滑坡体内储藏的地下水转移到下伏强透水层，从而将水排泄走的一种工程措施。每一种工程措施都有一定的适用条件，垂直孔群的适用条件是：滑坡体土石的裂隙度高、透水能力强，在滑动面下部存在排泄能力强的透水层。垂直孔群一般是在地下水集中地区和供水部位，采用成排排列的方式进行布置。每排孔群的方向应垂直于地下水的流向。排与排的间距约为孔与孔间距的 $1.5\sim 5$ 倍。排水钻孔的孔径，要求每孔的设计最大出水量应大于钻孔实际涌水量。为了达到钻孔排水的目的，每个钻孔都必须打入滑动面以下的强透水层中,并且要求在每孔钻进终了时,都要安设过滤管,在过滤管外填充沙砾过滤层。对于不设过滤管的钻孔,应该全部充填沙砾。在孔口应设置略高于地面的防水层。

排水孔钻进工艺、设备选择应符合下列规定:

(1)在岩石中钻孔,可选用风动凿岩钻机或回转式钻机钻进。

(2)在覆盖层钻孔,宜选用回转钻机跟管护壁钻进。

排水孔钻进应遵守下列规定:

(1)根据设计和岩石情况确定孔位并作出标记,孔位偏差不得超过 100 mm。

(2)钻孔深度、孔径应符合设计要求。钻孔宜一径到底。

(3)破碎复杂地层宜采用跟管护壁钻进,套管壁厚不小于 4 mm,单根套管长度为 1~2 m。

(4)钻孔终孔后,应清洗干净,测量孔斜,每 100 m,孔斜不得大于 2°。

排水管安装应符合下列规定:

(1)排水管的规格、型号、材质应符合设计要求,过滤器长度不得小于孔内渗流孔段长度。

(2)按设计要求,将过滤管准确下入孔内渗流孔段。

(3)排水管应超出孔口 0.3 m,孔口部位应用水泥砂浆固定,其面积不小于 0.3 m×0.3 m,排出的水应引入排水沟。

在松软的土层中埋设孔隙水压力计(以下称孔压计)应遵守下列规定:

(1)采用直径为 110 mm 的钻具钻进至设计埋深仪器位置上部 0.5 m 处,下入保护套管至孔压计埋设位置上部 1.3 m 处。

(2)将孔压计连接在导向钻杆下端,送至孔底,用钻机立轴向下施加压力,将测试元件(传感器)下入孔底土层 0.5 m(设计要求的位置)处。经检测证明完好后,下入黏土泥球封孔直至套管口,然后将孔压计电缆线穿过保护管引至地面观测仪器。

(3)用水泥砂浆抹平孔口部位,作好孔口保护。

(4)填写孔压计安装埋设记录,绘制安装图。

排水孔造孔、排水管和孔压计的安装,应有准确、完整的原始记录和图件资料。

5.1.8 滑面固化

滑面固化是用物理、化学方法改善滑坡带土石性质的一种方式,主要有焙烧法、电渗排水法、爆破灌浆法。

1. 焙烧法

焙烧法是利用导洞焙烧滑坡脚部的滑带土,使之形成地下"挡墙"而稳定滑坡的一种措施。利用焙烧法可以治理一些土质滑坡。用煤焙烧沙黏土时,当烧土达到一定温度后,沙黏土会像砖块一样,具有同样高的抗剪强度和防水性,同时地下水也可从被烧的土裂缝中流入坑道而被排出。

用焙烧法治理滑坡,导洞须埋入坡脚滑动面以下 0.5～1 m。为了使焙烧的土体成拱形,导洞的平面最好按曲线或折线布置。导洞焙烧的温度,一般土为 500～800℃。通常用煤和木柴作燃料,也可以用气体或液体作燃料。焙烧程度应以塑性消失和在水的作用下不致膨胀和泡软为准。

2. 电渗排水法

电渗排水法是利用电场的作用把地下水排除,达到稳定滑坡目的的一种方法。这种方法最适用于粒径为 0.005～0.05 mm 的粉质土的排水,因为粉土中所含的黏土颗粒在脱水情况下会变硬。施工的过程是:先将阴极和阳极的金属桩成行交错地打入滑坡体中,然后通电和抽水。一般以铁或铜桩为负极,铝桩为正极。通电后,水即发生电渗作用,水分从正极移向由花管组成的负极,待水分集中到负极花管之后,就用水泵把水抽走。

3. 爆破灌浆法

爆破灌浆法是一种用炸药爆破破坏滑动面,随之把浆液灌入滑带中以置换滑带水并固结滑带土,从而使滑坡稳定的一种治理方法。目前,这种方法仅用于小型滑坡。施工步骤是:先用钻孔打穿滑动带,在钻孔中爆破,使滑坡床岩层松动;再将带孔灌浆管打入滑带以下 0.15 m,在一定的压力下将浆液压入,使其在滑动带中将裂缝充满,形成稳定的土层,借以增大滑带土的抗滑能力。在我国的黄土区,曾用石灰、水泥和黏土浆液压注裂缝的方法来加固滑带土,取得了一定的成效。

需要说明的是,运用物理化学方法改善滑带土石性质借以提高滑坡稳定性的治理方法，目前尚处于试验阶段，在滑坡治理中并未被广泛采用。在实际工作中，排水、支挡仍是整治滑坡的两项主要措施。

5.1.9 拦挡坝

拦挡坝一般布置于泥石流的流通区，主要起拦蓄泥沙、减少泥石流重度、改变沟床坡度的作用，坝体的规模一般较大。

拦挡坝具有以下功能：

（1）拦截水沙，改变输水、输沙条件，调节下泄水量和输沙量；

（2）利用回淤效应，稳定斜坡和沟谷；

（3）降低河床坡降，减缓泥石流流速，抑制上游河段纵、横向侵蚀；

（4）调节泥石流流向。

为保障下游安全，在同一个河段内建造的拦挡坝应不少于 3 座。建造拦挡建筑物的先期或同时，应开展流域内植被工程治理，以延长泥库寿命。拦挡坝坝址的选择应避开泥石流的直冲方向，多设在弯道的下游侧面，以充分发挥弯道的消能作用。泄流口应与下游沟道中安全流路的中心线垂直。过坝流量、沙量和沙石粒径，应根据下游安全输水、输沙要求，逐级向上分配，确定应建坝的座数。

拦挡坝分为重力式实体拦挡坝和格栅坝两种。

1. 重力式实体拦挡坝

（1）重力式实体拦挡坝溢流坝段应居中，非溢流坝段尽量呈对称结构布置。溢流口宽度取决于设计下泄流量的大小，根据《泥石流灾害防治工程设计规范》（DZ/T 0239—2004）相关公式，按溢流坝水力计算确定。

（2）排泄孔尽可能成排布置在溢流坝段，孔数不得少于 2 个，多排布设时应作"品"字形交错排列。

单孔孔径一般为

$$D \geqslant (2 \sim 5.5) D_m$$

孔间壁厚一般为

$$D_b \geqslant (1 \sim 1.5) D_m$$

式中：D_m 为过流中最大石块粒径。

(3）排泄道进口轴向力求与主河流向一致，或取小锐角相交，交角 $\alpha < 30°$。引水段应布置成上宽下窄、圆滑渐变的喇叭形，底坡比降大于 50‰～80‰。

（4）利用多年累计库容量或回淤纵坡法计算设计坝高。

（5）非溢流坝段坝顶高于溢流口底的安全超高 h 按下式确定：

$$h=h_s+H_c$$

式中：h_s 是根据坝的不同等级设计所需的安全超高，一般取 0.5～1 m；H_c 为溢流坝段的泥深。

（6）坝顶宽按构造要求确定：低坝坝面宽度不小于 1.5 m，高坝坝顶宽度不小于 3 m，当有交通及防灾抢险等特殊要求时，坝顶宽应大于 5.5 m。

（7）坝底部宽度按实际断面形式通过稳定性计算确定。

（8）坝的设计需进行结构计算，主要包括抗滑稳定、抗倾稳定、坝基应力和坝体应力等。可参照土力学、坝工结构计算方法及其相关规范进行计算。

（9）坝下消能防护工程包括副坝、护坝等，大多数拦挡坝采用副坝消能。若副坝高出河底较高，在下游还应再设第二道副坝。

2. 格栅坝

格栅坝可分为刚性格栅坝和柔性格栅坝两种。刚性格栅坝又可分为平面型和立体型两种。刚性格栅坝材料主要有钢管、钢轨、钢筋混凝土构件。柔性格栅坝材料主要为高弹性钢丝网，其不适用于细颗粒的泥流、水沙流等泥石流河沟。

格栅坝的特点如下：

（1）拦、排兼容，充分利用下游河道固有的输沙能力，保证下游河道稳定；

（2）有选择地拦蓄，改变上、下游堆积组构和坝体受力条件；

（3）延长泥库寿命，充分发挥工程经济效益；

（4）可以实现工厂化生产，节省坞工量，施工周期短。

格栅坝类型如图 5-15 所示。

(a) 切口坝　　　(b) 缝隙坝　　　(c) 深式坝

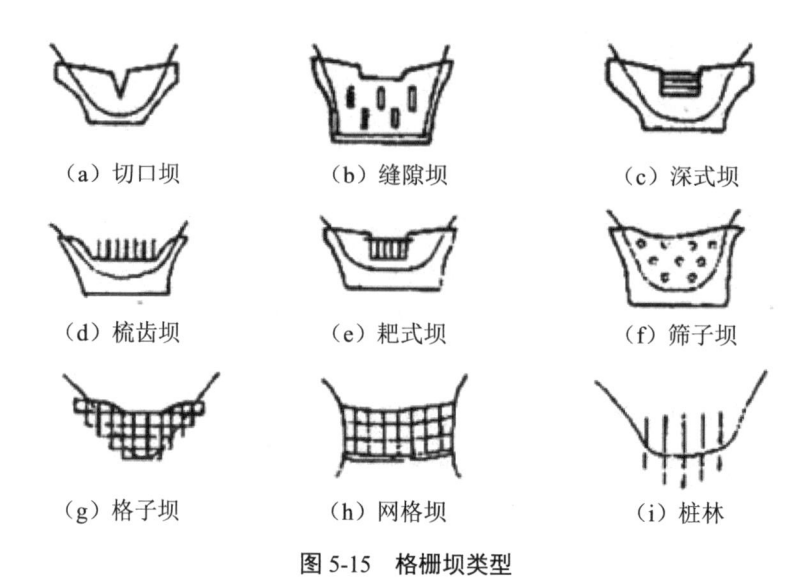

(d) 梳齿坝　　　(e) 耙式坝　　　(f) 筛子坝

(g) 格子坝　　　(h) 网格坝　　　(i) 桩林

图 5-15　格栅坝类型

5.1.10 排导槽

排导槽是一种槽形线性过流建筑物，其作用是既可提高输沙能力、增大输沙粒径，又可防止河沟纵、横向的变形，有利于将泥石流在控制条件下安全顺利地排泄到指定的区域。

排导槽一般规定如下：

（1）排导槽纵向轴线布置力求顺直，与河沟主流中心线一致，尽可能利用天然沟道随弯就势。出口段应与主河锐角相交。

（2）排导槽纵坡设计最好采用等宽度一坡到底，必须设计变坡、变宽度的槽段，两段纵坡的变化幅度不应太大，并应作水力检算。

（3）根据泥石流流量、输沙粒径，选择窄深式排导槽断面。常用断面形状有梯形、矩形和 V 形 3 种，也有复合形。

（4）根据流通段沟道的特征，用类比法计算排导槽的横断面积，公式如下：

$$S = \frac{B_L}{B_x} \cdot \frac{H_L^{5/3}}{H_x^{5/3}} \cdot \frac{n_x}{n_L} \cdot \frac{I_L^{1/2}}{I_x^{1/2}}$$

式中：B_x 为排导槽的宽度（m），B_L 为流通区沟道宽度（m），I_x 为排导槽纵坡降（‰），I_L 为流通区沟道纵坡降（‰），H_L 为流通区沟道泥石流厚度，H_x 为排导槽设计泥石流厚度，n_x 为排导槽的糙率系数，n_L 为流通区沟道的糙率系数。

（5）排导槽的深度可按下式计算确定：

$$H = H_c + \Delta H$$

式中：H 为排导槽深度（m）；H_c 为设计泥深（m）；ΔH 为排导槽安全超高（m），一般取 $\Delta H = 0.5 \sim 1$ m。

排导槽弯道段，深度 H_w 还应考虑泥石流弯道超高，H_w 按下式计算：

$$H_w = H + \Delta H_w$$

式中：H_w 为排导槽弯道深度（m），ΔH_w 为泥石流道超高（m）。

（6）排导槽进口段平面可做成喇叭形渐变，排导槽中心线与河沟主流中心线一致。排导槽宽度与原河沟宽度收束比应在 1:3 以下，出口端与大河交角 α≤45°。出口端沟底标高宜在大河高洪水位上，以防止大河顶托造成末端淤积，影响排导槽的正常使用。进、出口段均应作水力检算。

（7）泥石流排导槽一般采用侧墙加防冲肋板和全衬砌两种结构。

肋板与墙基砌成整体，肋板顶部一般与沟底平。边墙可按挡墙进行设计，基础深度一般为 $1 \sim 1.5$ m，底为混凝土或浆砌块石铺砌。肋板为钢筋混凝土，一般厚 1 m，其间距可按下式进行计算：

$$L = \frac{H - \Delta H}{I_0 - I'}$$

式中：L 为防冲肋板间距（m）；H 为防冲肋板埋深（m），一般取 $H = 1.5 \sim 5$ m；ΔH 为防冲肋板安全超高（m），一般取 $\Delta H = 0.5$ m；I_0 为排导槽设计纵坡降（‰）；I' 为肋板下冲刷后的排导槽纵坡降（‰），一般取 $I' = (0.5 \sim 0.25)I_0$。

全衬砌排导槽的侧墙及槽底均用浆砌石护砌，一般适用于槽宽≤5 m、比降较大的小型槽，横断面一般为 V 形，槽底横向斜坡 $I_h = 150‰ \sim 300‰$。

5.1.11 停淤场

停淤场是根据泥石流运动堆积特点，利用天然有利地形，将泥石流引入选定的宽阔滩地或跨流域低地，使其自然减速后淤积，或者修建拦蓄工程，迫使其停淤的工程设施。

停淤场一般规定如下：

（1）泥石流停淤场应选在沟口堆积扇两侧的凹地或沟道中下游宽谷中的低滩地。

（2）停淤场一般由拦挡坝、引流口、导流堤、围堤、分流墙或集流沟及排水或排泥浆的通道或堰口等组成。

（3）拦挡坝位于停淤场引流口下游，通常用圬工或混凝土结构。

（4）固定式引流口可与拦挡坝连成一体，也可采用与坝分离的形式。采用圬工开敞式溢流堰或切口式溢流堰引流，按重力式断面设计。

（5）导流堤与泥石流的接触面，应采用斜坡式圬工防扩面层，厚0.5～1 m，边坡稳定性系数为1.0～1.25，背后为土堤。临空面土的边坡稳定性系数为1.0～2.0。土石混合堤的高度不应超过5 m，堤顶宽3～5 m，一般采用梯形断面。顶冲部位应加强，凹岸一侧要加弯道超高。堤前应作冲刷计算，确定埋深。

（6）在有些情况下，应采取分流措施，视地形条件而定。分流墙体布置在停淤场内，头部按分流墩做成鱼嘴形、半圆形，用圬工或铅丝笼、编篱石笼防护。堤身用铅丝笼、编篱石笼护面的堆石土堤，边坡稳定性系数为1.0～1.5，堤高不超过3 m，顶宽1.5～2 m，采用梯形断面。

（7）围堤一般采用干砌石护面的压实土堤，堤高不超过5m，顶宽3～5 m，采用梯形断面。砌石护面边坡稳定性系数为1.0～1.5，土堤的边坡稳定性系数为1.0～2.0。堤前应作冲刷计算，确定埋深。

5.1.12 渡槽

渡槽是泥石流导流工程的一个特殊类型，其长度远比排导槽短，而纵坡又大很多。渡槽通常建于泥石流沟的流通段或流通－堆积段，与山区铁路、公路、水渠、管道及其他线形设施形成立体交叉。泥石流以急流的形式在被保护设施上空的渡槽内通过，是防治小型泥石流的一种常用的排导措施。由于泥石流渡槽为一种架空结构物，槽体依靠墩、墙支撑，槽身为空腹，构造复杂、施工困难，因此，渡槽通常只适用于架空地势较为优越的中、小型泥石流沟。

渡槽一般规定如下：

（1）泥石流渡槽适用于泥石流暴发较频繁，高含沙水流、洪水或长流水交替出现，有冲刷条件的沟道。

（2）设置渡槽处应有足够的高差，进、出口顺畅，基础有足够的承载力，并具有较高的抗冲刷能力。

（3）对于处在急剧发展阶段的泥石流沟，或由于崩塌、滑坡、阻塞溃决等形成的泥石流沟，只有当上游已经或有可能采取措施论证使泥石流发育得到控制，或者有立面条件时，才允许采用渡槽。

（4）按设计标准流量计算获得的断面面积，增大 30% 作为验算满槽过流能力的校核依据。

（5）渡槽和泥石流沟应顺直、平滑地连接，渡槽进口不得布置在急弯上，且进口以上需有长度为槽宽 10～20 倍的直线引流段。

（6）渡槽进口段一般采用上宽下窄的梯形或圆弧形状的喇叭口形，连续渐变。渐变段长 $L \geqslant (5 \sim 10) B_f$（$B_f$ 为槽宽），且 $L \geqslant 20$ m，渐变段扩散角 $\alpha \leqslant 8° \sim 15°$。

（7）槽身应为均匀的直线段，在跨越障碍物后应延伸一定长度。

延伸的长度按下式计算：

$$L = (1 \sim 1.5) B_f$$

（8）应按设计最大流量计算获得的横截面积，加上计算裕度和安全超高得到渡槽的设计横断面尺寸。

（9）断面应采用竖墙式矩形或陡墙（边坡坡比 $n < 0.5$）窄深式梯形，槽底做成圆弧形或钝角三角形。

渡槽的宽深比按下式计算：

$$\beta = \frac{B_c}{H_c} = 2\left(\sqrt{1+n^2} - n\right)$$

式中：β 为断面宽深比；B_c 为底宽；H_c 为流深；n 为梯形或矩形的边坡坡长，当为矩形断面时，$n = 0$。

（10）渡槽跨端基础一般采用整体连续式条形基础、支承墩、柱或排架等支承方式；两端条形基础的形状、尺寸、构造和基底标高应对称；基础埋深不小于被跨越建筑物的基底标高，并应满足抗冲刷、抗冻融的要求；基础应置于坚固的基岩或密实坚硬的石质土中，否则，地基应作加固处理。

（11）渡槽进、出口段和槽身应设置沉降缝和伸缩缝。若槽身长度超过 40 m，可按 20～30 m 一段划分伸缩缝，分缝需作防渗处理。

（12）渡槽进、出口段边墩应采用重力式结构并设置槽底止推墩台。

（13）渡槽的底部和侧壁过流面应作防冲击磨损处理，一般增加 5～10 cm 厚的耐磨保护层。

5.2 高陡边坡生态修复技术

高陡岩质边坡作为山地、丘陵地区最常见的地形地貌之一，广泛分布于冀东地区。由于高陡岩质边坡具有极大的危害性，加之其本身所处的地质条件极其不稳定以及受降水相对充沛的影响，使得高陡岩质边坡的治理与防护问题一直是冀东地区城市建设与管理的一大难题。基于此，本节总结现有高陡岩质边坡治理方法的优、劣势和当前困境，提出了治理高陡边坡的喷砼飘台、飞挂土槽、钢化玻璃锚固结构和孔植技术等，不但很好地补充了当前对于高陡边坡治理的不足，还在治理和防护的基础上，兼具了景观设计。

5.2.1 喷砼飘台

结合力学和数值模拟软件对结构稳定性进行分析，在满足矿山高陡边坡修复 90% 覆盖率的要求下，得到了一种比较稳定的高陡光滑边坡覆绿结构，即飘台。飘台与岩壁整体呈 U 形，单个飘台高约 1.5 m，长度根据具体情况确定，一般为 10～20 m。锚杆采用直径为 22 mm 的螺纹钢筋，长度 2.25 m，入岩深度 1.5 m。锚杆孔采用水泥浆（强度 M30）对锚杆进行锚固。挡板采用 50 mm 厚的聚苯板，板内为双层 150 mm×150 mm 的钢筋网，钢筋直径为 10 mm，板外喷射 C30 混凝土作为保护层，厚度 120～150 mm。挡板内侧覆土，飘台底部铺盖些防渗水材料，覆土厚度约 1 m。飘台结构如图 5-16 所示。

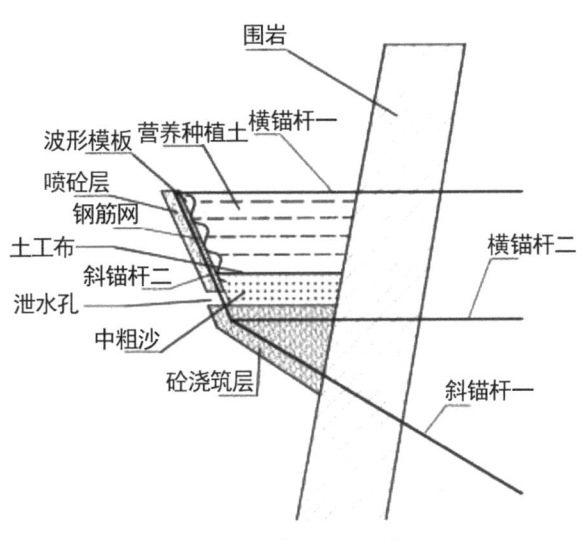

第 5 章 露天矿山生态修复技术方法

图 5-16 飘台结构示意图

飘台结构的制作安装：边坡排险工作完成后，用电锤在高陡边坡坡顶选择完整的岩石钻孔，随后孔内灌入水泥浆，插入钢筋锚杆，作为安全绳的固定点（锚杆规格：直径 18 mm，长度 50 cm）。选用建筑用钢管在高陡边坡坡面上搭设双排脚手架，内排脚手架与高陡边坡坡面的间距为 1.5 m 以上，两排脚手架的间距为 2 m。在脚手架上铺设固定木脚手板，并和坡顶的固定锚杆连接，以确保施工安全。选定飘台位置后，进行锚杆钻孔并注浆，铺设底座钢筋并预埋侧挡墙钢筋，然后浇筑基础底座混凝土，侧挡墙安装 150 mm×150 mm 的钢筋网，利用波形模板对侧挡墙浇筑 C30 混凝土。

1. 施工方法

彻底清理坡面的浮石险石，利用脚手架，在陡坡坡面上首先安装锚杆，焊接布置基础钢筋，用 C30 砼浇筑飘台基础混凝土。制作安装面板和侧拉板的钢筋，固定波形模板，喷砼 C30。正侧面板同时成形后，设置排水管及保温板，之后覆土，种植乔木，外侧爬山虎向下，内侧向上。

2. 施工顺序

清理坡面—搭设脚手架—锚杆锚固—基础钢筋—浇筑基础—面板钢筋—波形封模—喷砼成形—铺设保温板—配土蓄土—植物种植—后期养护。

3. 施工过程

（1）飘台稳定性计算。

为简化计算，可将飘台看作一悬挑结构，简化后，飘台底板外挑长度为 0.9 m，板的厚度为 0.1 m，跨度为 3 m。混凝土强度等级为 C30，受力钢筋采用 HRB335 级、构造钢筋采用 HPB235 级，环境类别为二 a 类。飘台上断面的宽度为 1.2～1.5 m。

①荷载计算

当飘台底板平均厚度为 0.1m 时，永久荷载标准值 =0.1×25=2.5 kN/m²。当蓄土厚度为 1 m 时，永久荷载标准值 =1×19×[（0.9+1.5）÷2]=22.8 kN/m²。端部外挡混凝土集中荷载 =0.1×25=2.5 N。活荷载标准值 q_k=0.7 kN/m²。端部的施工或检修集中荷载标准值 P=1.0 kN。永久荷载分项系数 γ_G = 1.2，活荷载分项系数 γ_Q = 1.4。

②内力计算

飘台底板悬臂根部最大弯矩按均布活荷载（M_1）和施工检修荷载（M_2）两种情况考虑，即：

M_1=1.2×0.5×（2.5+22.8）×0.9²+1.2×0.9×2.5+1.4×0.5×0.7×0.9²= 15.39 kN·m/m

M_2=1.2×0.5×（2.5+22.8）×0.9²+1.2×0.9×2.5+1.4×1.0×0.9= 16.26 kN·m/m

因为可变荷载的两种情况不同时考虑，所以取最大值 M_2=16.26 kN·m/m。

③截面设计

由环境类别为二 a 类、混凝土强度等级为 C30，可知保护层的最小厚度为 25 mm。设 a_s=30 mm，则飘台的有效厚度 h_0=70 mm，f_c=11.9 N/mm²，b=1 000，f_t=1.27 N/mm²，f_y=300 N/mm²，α_1=1.0，ξ_b=0.55。

$$\alpha_s = \frac{M}{\alpha_1 f_c b h_0^2} = \frac{16.26 \times 10^6}{1.0 \times 11.9 \times 1000 \times 70^2} = 0.278\,8$$

$$\xi = 1 - \sqrt{1-2\alpha_s} = 0.334\,9$$

$$\gamma_s = 0.5 \times \left(1+\sqrt{1-2\alpha_s}\right) = 0.832\,5$$

$$A_s = \frac{M}{f_y \gamma_s h_0} = \frac{16.26 \times 10^6}{300 \times 0.832\,5 \times 70} = 930.07 \text{ mm}^2$$

在飘台的实际施工中，受力钢筋的截面面积 A_s 为 $1\,139.82$ mm²。

验算适用条件：

$x = \xi h_0 = 0.334\,9 \times 70 = 23.443$ mm $< \xi_b h_0 = 0.55 \times 70 = 38.5$ mm，满足。

$\rho = \dfrac{A_s}{bh_0} = \dfrac{1\,139.82}{1\,000 \times 70} = 1.628\% > \rho_{\min} \dfrac{h}{h_0} = 0.45 \times \dfrac{f_t h}{f_y h_0} = 0.45 \times \dfrac{1.27 \times 100}{300 \times 70} = 0.27\%$

同时，$\rho > 0.2\% \times \dfrac{h}{h_0} = 0.287\%$，满足。

经过承载力计算，飘台能够牢靠紧密地和坡面结合在一起，形成一个人工的绿化平台。

（2）清理危岩。

用电锤在坡顶完整的岩石上钻孔，然后灌入水泥浆，插入钢筋锚杆，作为人工清理坡面危石险石的安全绳的固定点（锚杆直径为 18 mm，长度 $L=50$ cm）。选派经验丰富的人员进行清坡排险。在坡顶系好安全带后，首先将坡顶边缘的破碎险石清除后，再沿坡面从上至下清除危岩险石，确保后期施工安全。

（3）选用建筑用钢管满坡面搭设双排脚手架。内排脚手架与坡面的间距为 1.6 m，两排脚手架的间距为 2 m，每层高 2 m。在作业层铺设固定木脚手板。脚手架高度超出坡面约 1.5 m，并和坡顶的固定锚杆连接，以确保施工安全。

（4）为方便作业，飘台从上至下逐层施作。首先在顶层飘台的预定位置进行锚杆钻孔，注浆后安装锚杆。锚杆采用直径为 20 mm 的螺纹钢，入岩深度 $L=1.5$ m，全长锚固。锚杆外露端部作连接焊接。飘台基础支模喷砼 C30 后，安装侧面网片（网片钢筋直径为 10 mm，横纵间距为 150 mm）。

（5）在飘台基础上安装波形模板，波形模板和钢筋网片之间预留 20 mm 的保护层。

（6）在飘台侧面进行喷砼 C30。喷砼养护 14 开并达到一定强度后，在飘台内蓄土并拆除脚手架，进行刺柏、爬山虎的种植和养护。

5.2.2 飞挂土槽

针对具有微地形的矿山高陡边坡，利用乔灌草藤实现高陡边坡绿化的目的。飞挂土槽结构包含山体岩石、主筋、波形模板、营养种植土、喷射砼墙、拉筋、钢筋网和岩石平台。山体岩石上设有岩石平台，主筋的一端固定在岩石平台上远离山体岩石的一层，另一端向上伸出。拉筋一端固定在岩石平台上靠近山体岩石的一侧，另一端向远离山体岩石一侧的斜上方伸出，与主筋向上伸出的部位连接。波形模板设置在喷射砼墙的内侧，位于岩石平台的上方。波形模板、山体岩石和岩石平台之间设有营养种植土。沿主筋环向编制钢筋网，钢筋网采用直径为 12 mm 的肋筋与直径为 6 mm 的附筋钢筋编织。在钢筋网的内侧放置与钢筋网高度相同的波形模板。飞挂土槽结构如图 5-17 所示。

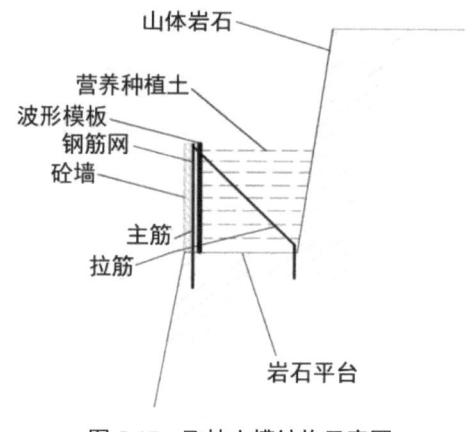

图 5-17 飞挂土槽结构示意图

1. 施工顺序

坡面排除危岩—平台打孔—主钢筋布置—钢筋网编制—主钢筋加固—支立加固波形模板—回填拌好的种植土—喷砼施工—清除喷砼回弹料—种植植物。

2. 施工过程

（1）首先，对高陡边坡进行排险作业，对不稳定的岩石进行清除。排查在坡面有一定空间且稳定的岩石平台进行施工。

（2）在平台周边外以间距 1 m 垂直打孔，孔径直径 25 mm，深 20 cm，然后采用直径为 20 mm、长 80 cm 的钢筋进行锚杆主筋布置,入岩深度为 20 cm,孔内灌入高强水泥浆进行加固。

(3)沿主钢筋环向编制钢筋网,所采用的肋筋直径为 12 mm,副筋直径为 6 mm,网片规格为 200 mm×200 mm。

(4)为防止支模后填种植土会将喷射砼墙撑开,在纵向上布置主筋拉筋加固,呈三角形连接。

(5)在沿钢筋网内侧放置与钢筋网高度相同的波形模板,回填拌和均匀的种植土。

(6)喷砼施工,喷砼厚度为 10 cm。

(7)清除回弹喷砼料,进行覆土,最后种植植物。

5.2.3 钢化玻璃锚固结构

钢化玻璃锚固结构包含种植土、钢化玻璃、岩质边坡、锚杆一、锚杆二、锚杆三、锚杆四、加固钢板、水平槽钢、加固钢管。锚杆一、锚杆二一侧与矿山岩质边坡锚固,锚入深度为 60 cm,另外一侧与钢化玻璃锚固。钢化玻璃内部回填种植土,下部由水平槽钢支撑。水平槽钢与锚杆三刚接,另一侧上部与加固钢板焊接,下部与加固钢管刚接。加固钢管与锚杆四刚接,锚杆三和锚杆四锚入岩质边坡内 60 cm。种植土为酸碱适中、排水良好、疏松肥沃、不含建筑和生活垃圾、无毒害物质的土壤。钢化玻璃选材为厚 15 mm、侧面长 1 000 mm、高 600 mm、底面长 1 000 mm、宽 500 mm、符合 GB 15763.2—2005 标准的钢化玻璃。锚杆一为长 1 000 mm、直径 28 mm 的带肋钢筋。锚杆二为长 900 mm、直径 28 mm 的带肋钢筋。锚杆三为长 700 mm、直径 28 mm 的带肋钢筋。锚杆四为长 700 mm、直径 28 mm 的带肋钢筋。加固钢板为厚 10 mm、长 1 000 mm、宽 50 mm 的 304 号不锈钢板。水平槽钢为 304 号不锈槽钢。加固钢管为 304 号不锈钢管。钢化玻璃锚固结构如图 5-18 所示。

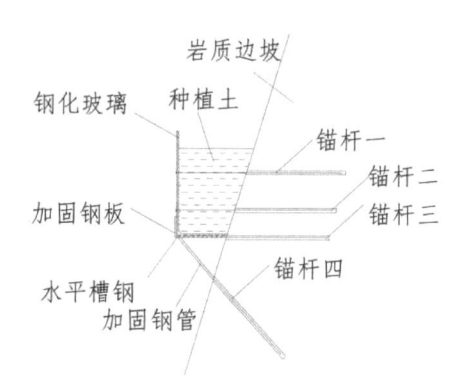

图 5-18　钢化玻璃锚固结构示意图

安装方法如下：

（1）自上而下地清除高陡边坡上不稳定的碎石。

（2）在岩质边坡周边外垂直打孔，打孔直径为 35 mm，深度为 60 cm。打孔完成后，用细小毛刷清除碎屑，待清孔完毕后，采用直径为 28 mm 的锚杆一、锚杆二、锚杆三、锚杆四进行锚固，孔内灌入高强度水泥砂浆进行加固。

（3）水平槽钢与锚杆三刚接，另一侧上部与加固钢板焊接，下部与加固钢管刚接，加固钢管与锚杆四刚接。

（4）钢化玻璃放置在水平槽钢上，并将锚杆一和锚杆二锚固在另一侧。

（5）所有外露部分作刷漆防锈处理。

（6）将种植土回填到钢化玻璃内并栽植绿色植物。

5.2.4 孔植技术

北方地区气候呈现出降雨少、光照强烈、气温变化快、温差大、风力强烈、季节变化明显的特点。露天矿山形成的高陡边坡坡度一般较大，甚至出现反坡，坡面凹凸变化剧烈，不平整，高陡边坡生态修复绿化是一大难题。孔植技术是高陡边坡生态修复的措施之一。

第一代孔植（人工小孔＋灌木）仅用于土质边坡。用人工洛阳铲掏孔，孔深 0.6 m 左右，孔径约 120 mm，间排距 1.2～1.5 m，种植紫穗槐、榆树等灌木。

第二代孔植（硬岩小孔＋爬山虎）是在硬岩上用潜孔锤钻孔，孔深 0.8 m 左右，孔径约 110 mm，间距约 2.5 m，排距 4 m 左右，种植爬山虎。

第三代孔植是采用挖掘机等长臂设备在硬岩上钻凿大孔，孔径≥200 mm，孔深≥1 200 mm，间距约 2 m，排距 3 m 左右，填土后种植爬山虎。

第四代孔植是采用加长臂的挖改钻设备在硬岩上凿孔，孔径≥150 mm，孔深≥800 mm，间距约 2.5 m，排距 3 m 左右，填土后种植抗逆性较强的刺槐。

通过前几代孔植技术的应用，钻孔直径逐步加大，钻孔深度加深，种植植物由攀爬类植物逐步扩展到乔木，钻孔机械由手工作业到电气化，施工作业平台由传统吊绳作业到安全性更高的脚手架作业。

目前，通过多学科多领域的交流和碰撞，收集大量的实验测试数据，不断地试验、改进，先后攻克了长臂钻孔设备、孔植专用土壤的配制、雨水收集利用系统及苗木选育等诸多难题，形成了一套完整的较为成熟的第五代孔植工法。

在高陡边坡上钻凿大直径的深孔（钻孔直径为 240～250 mm，深度为 1.4～1.5 m），呈梅花形布设孔位（可根据坡面情况调整），间距 1.5～2 m，排距 2～2.5 m。在孔底设置储水仓，坡面和孔口安装雨水收集装置，将北方汛期较为集中的降雨用于旱季，实现后期的少养护或免养护。钻孔内填入配制好的分层专用营养土，总土厚不低于 800～1 000 mm，选择刺槐、紫穗槐或榆树、椿树、荆条、柠条等抗逆性强的本土适生植物品种。事先在专用营养钵中培育好冠径为 1 m 左右的大苗，并将其种植在孔内，达到遮挡坡面、生态复绿的目的。

1. 改进技术 1——行进台车

（1）挖掘机 + 加长臂。最大垂直高度可达到 22 m，能够向上及向下双向作业。

（2）35 吨挖掘机 + 吊车臂。最大垂直高度可达到 40 m，可钻凿地平面以上的钻孔。

（3）三一 110 吨吊车 + 副臂。总臂长达 110 m 以上，最大垂直高度可达到 100 m。

2. 改进技术 2——智能钻机

智能遥控的专业的专用装备，钻孔的潜孔锤设备是以高压风为动力的，震动小，不受季节影响。

钻孔装备的基本参数：

（1）潜孔钻头直径为 219 mm，成孔直径为 240～250 mm；

（2）冲击器选用外径为 185 mm 的高风压冲击器，用弹簧卡环连接；

（3）双工况、高风压空压机的风压约为 21 个标准大气压，风量为 19 m³/min；

（4）液压减速链条传动，提升力为 10 吨，滑道的有效行程≥2 200 mm；

（5）回转系统为双马达对向机构，扭矩不低于 500 KN·m；

（6）除尘系统采用孔底高压喷射水雾的方式，水压≥2.5 MPa；

（7）钻孔定位依靠母机行走臂展回转、涡轮蜗杆转盘和油缸微调；

（8）液压系统无线遥控，地面红外测距，Wi-Fi 图像手机传输；

（9）可调整倾角、方位的吊篮，利用其可装填孔内储水仓土壤、种植苗木。

3. 改进技术3——孔内土肥

孔内的土壤直接关系到所种植的植物的生长情况，也是第五代孔植工法成败的关键环节。目前一般是装填总厚度为 1 m、3 层不同的土壤。

按照孔径 245 mm、孔深 1 m 计算，每个孔用土量约为 0.06 m³。相较于喷播和土槽等技术方法，用土量很小，所以有条件按照优质土壤的标准来配制孔植土壤。

土壤分为 3 层，每层厚 35 cm 左右。上层主要添加微生物和菌根类，增加土壤活性；中层添加土壤调理剂，改善土壤结构；下层添加土壤有机质添加剂，增加土壤肥力。

4. 改进技术4——适生植物

苗木在培育过程中需经过 2～3 年的耐旱、耐寒、耐涝及耐贫瘠等人工驯化，植物茎节短缩。现阶段选择的植物仅限以下 6 种：椿树（臭椿）、榆树（金叶榆）、紫穗槐、刺槐、荆条、柠条。

试验用主要是以当地的刺槐为主，其属于浅根系乔木，土壤厚度要求 800～1 000 mm，适合孔植。

5. 关键技术1——雨水自动收集

雨水收集利用系统是第五代孔植工法的核心，埋入式储水仓成功解决了北方地区降雨集中、雨水流失和植物全年用水需求之间的矛盾。经过反复的试验、计算、比较、论证、优化，才确定了目前集雨水收集、雨水储存、雨水利用及水量自动调节等四大功能于一体的较为成熟的工艺。整个收集系统包括六大部分，分别为坡面集水条带、孔口集水板、导流呼吸管、孔底储水仓、水仓盖板及支撑系统、细石保墒覆盖层，共计 20 多个组件，实现了雨水的收集、回流过滤、储存、循环利用的功能。

（1）坡面集水条带：其功用是在降雨时将坡面流淌的雨水引导进入孔植的钻孔口内。集水条带使用的原料均为耐老化的材料。在坡面上用电锤钻孔后，孔内注入水泥浆，将直径为 20 mm 的尼龙绳骨架用直径为 8 mm 的塑料胀栓固定在坡面上的预定位置，导水角度不低于 30°。每 30 cm 布设一个胀栓。将抗裂水泥砂浆加水拌和调制均匀后，涂抹在尼龙绳的外侧，并形成上部凹、下部凸的结构形式。集水条带尤为适合光面硬岩的边坡。当坡面较为破碎或裂隙较多时，也可不安装集水条带。

（2）孔口集水板：其功用是加固凿孔时容易受到破坏的孔口下缘的岩体，并保障收集至孔口的雨水外溢，保证大部分的雨水能够迅速进入孔底储水仓。

孔口集水板选用"两布一膜"的 HDPE 复合防水板材料。无纺布规格为 300 g/m^2，HDPE 板材为 1 200 g/m^2。

安装孔口集水板前，首先要将孔口的碎石及浮石清理干净，将集水板下缘插入土体中。集水板的所有外露部分均采用防裂砂浆进行涂抹，防止日晒老化，延长其使用寿命。

在集水板的下方，用防裂砂浆抹灰固定，确保集水板和岩体紧密稳定地黏合。集水板的两侧，注意要将引水条带收集的水流全部接入孔。

（3）导流呼吸管：导流管的主要功用是将过滤干净的雨水导入置于孔底的储水仓内，水涝时可虹吸排水，自动调整土壤湿度在最佳范围内，同时增加孔内氧气含量，满足植物根系呼吸的需要，为孔内微生物及菌根的扩繁提供有利条件。不断增强肥力，并大幅提高土壤的活化能力，优化土壤疏松度、砂黏度、pH、氮磷钾成分、阳离子含量和酶活性等物理、化学及生物指标。

导流呼吸管由 PVC 花管、无纺布过滤套、填充陶粒、两端封口套及通气管等配件组成。

①PVC花管：选用直径为20 mm的穿线管，用直径为4 mm的钻头在管的外壁钻出通孔，间隔50 mm，呈梅花形布置。

②无纺布过滤套：选用200 g/m² 的长丝无纺布，按照PVC管的直径事先缝制为套筒，将花管套在其中。

③填充陶粒：在PVC花管中灌入Φ5～6 mm的陶粒，在不影响导水效率的前提下，增加花管的刚度，防止后期植物根系生长后将导流管挤扁变形。

一般情况下，当雨涝土壤中的湿度过大时，可通过长丝无纺布过滤套、花管小孔、陶粒间隙等阻挡泥土后，将清洁干净的雨水导入储水仓中，以有效防止涝害的发生。

④封口套：选用内径Φ22 mm的PVC管，从外向内将过滤套压贴在花管上，封闭花管两端，防止泥土进入花管内部，影响透水率。

⑤通气管：选用Φ3 mm的优质滴灌管，紧贴在导流花管的外壁，被无纺布过滤套包裹。增设通气管可显著增加导流管的引水速度。

通气管安装在孔口集水板的下方，外端固定在下方岩体上，端头高度和孔底储水仓的上缘基本齐平。当雨涝孔内出现大量积水时，通气管在虹吸作用下，可将孔内的部分余水自动排至孔外。

6. 关键技术2——储水仓的利用

专用储水仓的空腔容积约的12 L，碎石缝隙容积约为3 L，储水仓的有效储水容积共计15 L。储水仓的设置，既能满足全年旱季时孔内植物生长的用水需求，也能解决汛期的排涝难题。

经过实验对比分析和数据统计，得出的另一个重要结论是：孔底储水仓兼具调节温度的功能。当温度升高时，水气蒸腾，吸收大量的热量；当温度下降时，水气冷凝而释放热量。储水仓恰如在孔底设置了一台自动调节温度的恒温机一般，为孔内土壤提供了更好的活化条件，也为植物根系生长提供了更优的环境。

（1）孔底储水仓：其主要功用是将雨水在土壤的下部进行密封储存。选用聚酯PET材料，定制模具加工切割成形。

（2）水仓盖板及支撑系统：其主要功用是将储水仓空腔上部的土壤稳定托举，并在旱季时通过毛细浸润的方式，将储水仓内的存水输送至盖板上部的级配碎石内。

①水泥盖板：其功用是承托土壤及其他滤水材料的重量，保持土体的稳定。

水泥盖板为预制 C25 碎石混凝土圆板，厚度在 25 mm 左右，直径为 210 mm 左右。盖板内置由直径为 4 mm 的镀锌丝制作的双层骨架，其中心预留 1 个 PVC 管连接支撑杆的斜向通孔，以及对称的 2 组 4 个麻绳水捻穿孔。

②盖板支撑杆：其功用是将盖板承托的全部重力等（包括盖板的重量），全部传导至孔底的岩体，并保持结构体的永久稳固。支撑杆的外部是直径为 22 mm 的 PVC 管，内部填充 C25 碎石混凝土并振捣密实。支撑杆的下端要修整平滑，上端预埋 10 cm 长的直径为 4 mm 的双股镀锌丝及 M10×60 mm 的螺栓。镀锌丝和螺栓要焊接牢固，并确保螺栓埋入 PVC 管中 25 mm 以上。

盖板和支撑杆连接时，采用水泥素浆进行密闭挤压紧固后抹灰，确保铁质材料全部被水泥浆包裹而不外露，以免后期锈蚀而影响盖板的稳定性。

（3）细石保墒覆盖层。

①麻绳水捻：其功用类似于油灯的灯芯（油捻），利用液体分子的浸润吸附原理，在干旱时段将储水仓中的存水提取输送给托盘上部的级配碎石，进而显性传导至植物根系的土壤中。

水捻选用优质麻绳，直径约为 20 mm，穿过盖板上的预留孔，可根据复绿区的气候等情况，设置 1～2 组水捻。

②级配碎石：其功用是在储水仓的上部形成反滤层，将泥土阻隔在上方，使清洁干净的雨水进入储水仓内部空腔。遇连阴雨涝时，在碎石的间隙之间也能够储存部分雨水。在干旱时段，级配碎石可将麻绳水捻提升的存水接力运送至植物根系下的土壤中。

为保证过滤效果，应至少选用 3 种不同粒径的碎石。有条件时，宜选用浑圆度更好的河卵石。铺设级配碎石要按照粒径的大小从下至上分层铺设，每层厚度约 6～8 cm。各层碎石的粒径范围为：下层 25～40 mm，中层 10～25 mm，顶层 5～10 mm。

③细滤无纺布及尼龙绳：其功用为双向调控水分。下雨时，阻隔泥土、过滤雨水进入级配碎石中。干旱时，再将蒸腾或浸润提升的水分均匀传导至根系下部的土壤中。

细滤无纺布选用 300 g/m² 的长丝无纺布。双层覆盖碎石后，用无纺布包裹储水仓外壁延伸至第三道加强沟槽以下，并用直径为 3 mm 的尼龙绳在每个加强沟槽内绑扎牢固，确保无纺布不会脱落。

细滤无纺布包裹时要注意作好导流管周边的处理。在全封闭无孔洞的前提下，保证导流管能有一定的上下活动的行程距离。

高陡边坡复绿的第五代孔植工法是一项全新的革命性技术，彻底颠覆了传统的边坡复植的理念，与喷播法、土槽法或土袋法等方法相比较，具有免维护、成本低、见效快、安全好、能造型、四季做、质量优、易推广的八大明显优势，是高陡硬岩边坡复绿治理最好的方法之一。

（1）免维护：第五代孔植工法的雨水收储用系统，将较为集中的降雨用于旱季，既避免了边坡喷播后的水土流失，也解决了复绿植物的养护问题。种好苗木后，在储水仓中注入一定的水，当年即不需要养护。第一年入冬前浇一次封冻水，第二年开春浇一次解冻水，以后就再也不用养护了。

（2）成本低：单孔的凿孔、种植、养护等总费用为 600～800 元/孔。目前，一般按照株距 1.5 m、行距 2 m 布置钻孔，相当于每孔的复绿面积为 3 m²，折合 200～280 元/m²，比喷播略高，但效果更好。

（3）见效快：孔植与喷播等需要种子萌发的复绿技术不同的是，在边坡钻凿成孔后，可立即种植专用营养钵培育好的株高冠径均为 1 m 的大苗，种完以后就能马上看到效果。

（4）安全好：主要表现在以下 5 个方面。

①施工安全性好；

②不会形成新的地灾隐患；

③低密度的钻孔对坡面稳定性的影响微乎其微；

④孔植根系对岩体的破坏小；

⑤孔植乔灌对坡面完整性的影响小。

（5）能造型：钻孔内种植金叶榆等彩色树种，可在边坡上设计图案、文字等立体造型，这也是其他复绿技术根本无法做到的。

（6）四季做：钻孔的潜孔锤设备是以高压风为动力的，不受季节影响。

将在专用营养钵中培育好的苗木进行移栽，春夏秋冬皆可施工作业。喷播作业的用水量较大，反复冻融会造成黏结剂降解，故喷播技术无法在冬季施工。

（7）质量优：主要表现在以下 6 个方面。

①成活率高；

②补苗更容易；

③植物长势好，无病虫害；

④郁闭度高；

⑤土壤活性强；

⑥预期寿命长。

（8）易推广：目前研发的边坡钻孔设备分为三大类，即一是挖掘机＋加长臂，二是 35 吨挖掘机＋吊车臂，三是三一 110 吨吊车＋副臂。

以上三大类设备完全可满足目前矿山修复项目的需要。目前用得最多的设备是挖掘机＋吊车臂，较为灵活方便，且适应能力更强。

第五代孔植工法的施工顺序：坡面布孔—潜孔锤凿孔—装入孔内储水仓及导流管等组件—少量填土后冲水—储水仓与钻孔内壁之间填充密实—孔内分层填土后种植钵苗—安设孔口集水板及引水条带—铺填保墒层—浇水灌注储水仓至预定位置。

5.2.5 台阶复绿

台阶复绿是将一定坡度的坡面修筑成多级台阶形式，形成一定宽度的绿化平台，并在平台外围砌筑挡墙，然后覆土栽植乔木、灌木和藤本植物绿化的技术。该技术主要治理对生态环境有重要影响的高陡岩质边坡等。

（1）台阶宽度：台阶一般宽 4～6 m。

（2）台阶高度：台阶高度与治理设计绿化率以及工程治理投资有关。一般情况下，当岩质边坡高度小于 50 m 时，台阶高度为 8～15 m；当边坡高度为 50～100 m 时，台阶高度为 10～20 m；当边坡高度大于 100 m 时，台阶高度大于 20 m。土石质边坡修筑台阶时，台阶高度一般为 5～10 m。

（3）台阶外围挡墙参数：距边坡外缘 0.5 m，挡墙顶宽 0.5 m，底宽 0.7 m，挡墙高度与覆土厚度有关，挡墙高出覆土 5～10 cm。根据要求，合理设置排泄水孔。

5.3 缓坡生态修复技术

根据技术特点和适用条件，边坡植被恢复技术主要有挂网客土喷播、普通客土喷播、植生袋、植生毯、土工格室、三维网、鱼鳞坑、多步台阶（挡墙）、梯田等。

5.3.1 挂网客土喷播

坡面要求：坡面的凹凸度平均为 ±10 cm，最大不超过 ±30 cm。

1. 挂网

（1）网材质规格

挂网采用 12 号或 14 号镀锌铁丝，网眼直径 4～5 cm，网片搭接宽度不小于 10 cm。

（2）锚固参数

锚杆间距 1 m。材质规格：直径为 10 mm、18 mm 的螺纹钢，长度为 80～100 cm，锚孔直径为 8～10 cm，水泥砂浆强度 M15 以上。

2. 喷混材料技术要求

（1）基质材料包括土壤、有机质、化学肥料、保水材料、黏合剂与 pH 缓冲剂等。

①土壤：因地制宜，可选用就近的沙土、沙壤土或黄土。为提高肥力，可用园土或其他肥土 1:1 配合使用。土宜保持干燥，去掉大颗粒和杂物后方可用于喷播。

②有机质：常用的有机质有堆肥、糠壳、木屑等。

③化学肥料：加入一定量的缓释氮肥，有利于植物生长后期肥料的持续供应。

④保水材料：岩面绿化用保水剂可选用丙烯酰胺－丙烯酸盐共聚交联物类的较大颗粒产品，这些产品吸水倍率相对较低，吸水重复性好且使用寿命长。

⑤黏合剂与 pH 缓冲剂：每立方混合料，普通硅酸盐水泥 50～80 kg，碱性中和因子如磷酸等缓冲剂，调节基质 pH。

（2）用水：根据实际情况而定。

（3）植物种子：植物选择配置，考虑气候、土壤、生态、方便管理等，满足护坡需求的同时，兼顾景观效果。应该以当地植物为主，适当引进适合在当地生长的外地植物，构建乔、灌相结合的立体生态模式。

（4）喷混原料配比：根据岩面坡度、母岩类型、气候条件及原材料质量进行配比。

（5）土与物料混合：准确选取各种物料，把有机质、复合肥料、黏合剂、保水剂等倒入土壤中进行干混拌，可用机械混拌均匀。

（6）灌草种配比：根据当地气候及岩质坡面特点，以水土保持为主，建立灌草立体生态模式。

3. 喷播

（1）设备：喷播机。

（2）平均喷播厚度 8～10 cm，分两次进行，先喷射不含种子的混合料，厚度为 7～8 cm，再喷射含有种子的混合料，厚度为 2～3 cm。

4. 盖无纺布

喷播后覆盖无纺布，顺坡从上而下直盖，布与布之间重叠 10～15 cm，并用木签或竹签固定。在种子损失严重的情况下，实施补播。

5. 喷播透水

水应喷透，但不能产生水土流失或坡面径流，防止基底材料被破坏。

5.3.2 普通客土喷播

1. 坡面平整要求

当边坡土壤硬度较大（非坚硬岩石）或坡面太光滑时，实行挖水平沟，间距 5 cm、深度 5 cm，坡面极为不平整或有废渣的地方，宜进行表面清理、平整。

2. 喷播材料及搅拌

（1）材料：种子、黏合剂、保水剂、纤维材料、土壤改良剂、稳定剂及适量腐殖土。

（2）时间：充分搅拌 20 min 以上。

（3）无纺布苫盖要求：喷射后覆盖无纺布，防止雨水冲刷和暴晒，顺坡自上而下，布与布之间重叠 10～15 cm，用木签固定。在种子损失的情况下，实施补播。

5.3.3 植生袋

1. 施工方法

将配制好的营养土装入预置草种的植生袋。坡面修整顺滑后，在底部施作稳定基层，依"品"字形铺设锚固植生袋，扦插灌木；在土袋和边坡之间填土密实，袋顶种植爬山虎，后期洒水养护。

2. 施工顺序

坡面修整—施作基层—配土装袋—铺设土袋—土袋锚固—袋后填土—袋顶植藤—后期养护。

3. 施工过程

（1）清理场地，挖掘平整场地。

（2）装封袋子，在施工现场装填袋子。

（3）底部安装，放置已填满土的植生袋以创建底部层。从前面到后面拉平袋子，使得植生袋一个接一个排列。

（4）底部层和上部叠加层岩壁打入锚杆，以 3 m×3 m 间距梅花形布置锚杆。标准扣一头和锚杆连接，另一头扣放在植生袋上面，通过在植生袋上行走压实来提升互锁性，以确保植生袋排放牢固稳定。

（5）后期按绿化规范养护。

5.3.4 植生毯

（1）坡面平整要求：清除坡面块石以及其他杂物，使坡面基本平整。

（2）挖沟：为了固定植生毯需沿坡面挖沟，沟规格一般为宽 30 cm、深 50 cm，长度根据坡面而定。

（3）草毯铺设：植生毯展开，一端置入沟内，用 U 形钉或钢筋固定，并填土压实。两毯搭接要保持整齐一致，坡脚处的植生毯需用土填压。

（4）覆土：铺设完植生毯后，人工或机械覆盖 1～2 cm 厚的土壤，起到保证草种发芽率和固定的作用。

（5）养护：边坡铺设植生毯完成后，应及时进行养护，周期一般为 45 天。前期浇水每天早晚各一次，早上养护应在 10 点以前完成，下午养护应在 16 点以后开始，避免在强烈的阳光下养护。发芽期为 15 天，湿润深度在 2 cm 左右，幼苗期依植物根系发展加大到 5 cm 以上。在高温干旱季节，应增加 1～2 次养护。

5.3.5 土工格室

1. 施工方法

按照地形将土工格室裁切适当并在坡面上固定，首层客土加有机肥，二层加入纤维材料、保水剂、黏结剂，顶层营养基中加入灌木种子和草种，均匀地喷播或回填到格室里养护。

2. 施工顺序

清理坡面—铺设格室—固定格室—分层回填—种土喷播—盖无纺布—后期养护。

3. 施工过程

（1）在垫层上将土工格室展开，拉直平顺，紧贴下承层铺平。

（2）土工格室张拉均匀并用锚杆固定，锚杆直径为 6.5 mm，间距为 2 m×2 m，呈梅花形布置。

（3）土工格室铺设以后，填筑填料，避免其受到长时间的直接暴晒。

5.3.6 三维网

1. 施工方法

清理整修边坡后覆土 20 cm，铺设三维网。采用 U 形钉固定三维网，将营养基、草种和灌木种子搅拌均匀后喷播，覆盖三维网 7 cm，土工布洒水养护。

2. 施工顺序

清理坡面—坡面覆土—铺三维网—锚钉固定—配土拌种—喷播覆盖—后

期养护。

3. 施工过程

（1）平整坡面：对需进行防护的坡面进行清理、整平，并追施底肥，比例为：N:P:K=15:8:7。

（2）铺设三维植被网垫：将网垫与坡面紧贴，网垫重合连接部分为 5 cm，采用 U 形钉呈梅花形排列固定，固定间距为 2 m。

（3）对于坡顶及坡底的固定，首先挖一宽 30 cm、深 20 cm 的顶沟及底沟，将网垫埋进并回填土压实固定。

（4）覆土：在网垫上填补 7 cm 优质土壤，将网包盖住。

（5）播种：采用人工播种。

（6）最后浇水、养护。

5.3.7 鱼鳞坑

鱼鳞坑技术是利用坡面凹处或有小平台的空间，将混凝土或石块向上垒砌，或向下挖成坑，形成鱼鳞状的种植穴，在穴内客土栽植乔木和藤本植物或经济林木。

优点：在有凹处、起伏的非高陡边坡修筑，简单易行，具有保水抗旱的特点。

缺点：在高陡边坡、平滑的岩质边坡不宜采用，绿化效果受坡面状况影响较大。

5.3.8 多步台阶（挡墙）

1. 施工方法

缓坡进行削坡，形成类似梯田坎的多步台阶。在边坡位置设置挡墙，台阶平面作防冲刷处理（形成多个小反坡，以利于保持水土）。配土覆土后，首先种植固土性能好的先锋草本植物，同时植入灌木种子，最终实现由灌木取代草本的群落演化。在缓坡周边覆土较厚的区域种植乔木或经济林木。

2. 施工顺序

削坡—砌筑挡墙—设置反坡—配土覆土—植草种树—后期养护。

3. 施工过程

（1）削坡：以挖掘机等机械削坡为主，台面宽度不小于 4 m，保证工作面有足够空间。

（2）防冲刷设置：在坡面由下而上砌筑浆砌石挡墙，既可以有效降低坡度，又能保持水土。

（3）覆土：采用人工及机械覆土相结合的方式，覆土厚度应与规划植被种类相匹配。

（4）播撒草籽、种植灌木。

（5）种植乔木：在缓坡周边覆土较厚的区域种植柏树等乔木。

5.3.9 梯田

1. 田块布置

根据当地的实际情况和相关政策文件的要求，选择地形坡度低于 25°、土质较好、地面坡度相对较缓、位置较低的地方规划布设修筑水平梯田。梯田田块的长边应顺山坡地形，大弯就势，小弯取直。梯田形状宜沿等高线顺坡修筑，呈条状或带状分布，对于少数地形有波状起伏或呈扇形分布的田块，梯田田坎线亦随之略有弧度。采用挖掘机挖装、自卸汽车运土方式进行客土回填。

梯田断面设计要求：一是要便于耕作，尽量能适应机耕和灌溉要求；二是要保证安全与稳定；三是在满足上述条件的同时，要最大限度地节省土石方量和保证挖填平衡。

2. 田坎设计

为了保持田面的稳定性，在适当位置修建浆砌石田坎或干砌石坎。块石来源于项目区周边建材市场，材质选用质地坚硬的块石，石料强度为 30 Mpa。

为防止水土流失，应在浆砌、干砌石坎上方设计土埝，土埝顶宽一般为 0.3 m，土埝底宽一般为 0.6 m，土埝顶相应高出设计田面高程 0.2 m。

5.4 平台生态修复技术

5.4.1 土地复垦

对条件良好的平台进行土地复垦，根据土地整治总体原则、目标，结合项目区自然条件、社会经济状况，对土地进行综合治理，并结合实际情况，进行全面规划、统筹安排，以全面实现土地资源的合理配置。

1. 设计原则

（1）土地复垦时要与周围的自然景观相协调，并与当地降水条件、土壤类型和植被覆盖情况和谐。

（2）对地形地貌景观作恢复治理时，应尽量恢复为原地形地貌；无法恢复为原地形地貌的，则需尽量与周围地形地貌相协调，且避免整治后发生次生灾害或不良影响。

（3）土地平整应合理调配土石方，尽量避免土石方的重复搬运。

（4）土地复垦质量原则上不低于原土地（或周围土地）利用类型的土壤质量与生产力水平。

（5）复垦为耕地的质量标准应符合《河北省土地整治工程建设标准（试行）》及其他相关规范要求。

（6）复垦为其他土地的质量应符合相关行业标准。

（7）覆土厚度可根据分质治理原则进行确定。在交通廊道等重点地段，覆土厚度可适当加厚，提高治理标准；在偏僻地区，覆土厚度可适当薄一些。

2. 土地复垦质量标准

露天矿山土地复垦方向与矿山实际现状相结合，复垦后土地一般有农用地（包括耕地、园地、林地、草地等）和建设用地，各类土地地类复垦质量如下：

（1）耕地

①有效土层厚度不小于 80 cm，土壤具有较好的肥力，土壤环境质量符合《土壤环境质量 农用地土壤污染风险管控标准（试行）》（GB 15618—2018）规定的Ⅱ类土壤环境质量标准。

②配套设施（包括灌溉、排水、道路等）应符合《灌溉与排水工程设

计标准》(GB 50288—2018)等标准以及当地同行业工程建设标准。控制水土流失措施，需满足《水土保持综合治理 技术规范坡耕地治理技术》(GB/T 16453.1—2008)的要求。

③耕地复垦质量，依据《土地复垦质量控制标准》(TD/T 1036—2013)，并根据各地实际经验确定，具体标准如表 5-9 所示。

表 5-9 矿山生态修复耕地质量控制标准

地类	指标类型	基本指标	控制标准
旱地	地形	田面坡度/(°)	≤25
	土壤质量	有效土层厚度/cm	≥80
		土壤容重/(g/cm³)	≤1.4
		土壤质地	砂质壤土或沙质黏土
		砾石含量/%	≤15
		pH	6.5～8.5
		有机质/%	≥1.5
	配套设施	排水、道路、林网	达到当地各行业工程建设标准
水浇地	地形	田面坡度/(°)	≤15
		平整度	田面高差±5cm之内，喷、微灌不宜大于15cm
	土壤质量	有效土层厚度/cm	≥100
		土壤容重/(g/cm³)	≤1.35
		土壤质地	沙质壤土或沙质黏土
		沙石含量/%	≤10
		pH	6.5～8.5
		有机质/%	≥2
	配套设施	灌溉、排水、道路、林网	工程达到当地各行业建设标准

(2) 园地

①有效土层厚度不小于 80 cm，土壤具有较好的肥力，土壤环境质量符合《土壤环境质量 农用地土壤污染风险管控标准（试行）》(GB 15618—2018)规定的Ⅱ类土壤环境质量标准。

②配套设施（包括灌溉、排水、道路等）应符合《灌溉与排水工程设计标准》(GB 50288—2018)等标准以及当地同行业工程建设标准。控制水土流失措施，需满足《水土保持综合治理 技术规范坡耕地治理技术》(GB/T 16453.1—2008)的要求。

矿山生态修复园地质量控制标准如表 5-10 所示。

表 5-10　矿山生态修复园地质量控制标准

地类	指标类型	基本指标	控制标准
园地（果园）	地形	地面坡度 /(°)	≤25
	土壤质量	有效土层厚度 /cm	≥80
		土壤容重 /（g/cm^3）	≤1.45
		土壤质地	沙土至沙质黏土
		沙石含量 /%	≤20
		pH	6.0～8.5
		有机质 /%	≥1.5
	配套设施	灌溉、排水、道路	达到当地各行业工程建设标准

（3）林地

林地包括有林地、灌木林地、其他林地，质量控制标准如下。

①有效土层厚度不小于 50 cm。

②道路等配套设施应满足当地同行业工程建设标准的要求。林地建设满足《生态公益林建设 规划设计通则》（GB/T 18337.2—2001）和《生态公益林建设检查验收规程》（GB/T 18337.4—2008）的要求。

③3～5 年后，有林地、灌木林地和其他林地郁闭度应分别高于 0.3、0.3 和 0.2，定植密度满足《造林作业设计规程》（LY/T 1607—2003）的要求。

矿山生态修复林地质量控制标准如表 5-11 所示。

表 5-11　矿山生态修复林地质量控制标准

地类	指标类型	基本指标	控制标准
林地（有林地、灌木林地、其他林地）	土壤质量	有效土层厚度 /cm	≥50
		土壤容重 /（g/cm^3）	≤1.5
		土壤质地	沙土至粉黏土
		沙石含量 /%	≤30
		pH	5.5～8.5
		有机质 /%	≥1
	配套设施	道路	达到当地各行业工程建设标准

注：在重要交通干线（高速公路、高铁等）、奥运走廊沿线、城镇附近，削坡开级台阶林地有效土层厚度宜不小于 1 m。

（4）草地

①有效土层厚度不小于 30 cm，土壤具有较好的肥力，土壤环境质量符合

《土壤环境质量 农用地土壤污染风险管控标准（试行）》（GB 15618—2018）规定的Ⅱ类土壤环境质量标准。

②道路等配套设施应满足《人工草地建设技术规程》（NY/T 1342—2007）以及当地同行业工程建设标准的要求。

矿山生态修复草地质量控制标准如表5-12所示。

表 5-12 矿山生态修复草地质量控制标准

地类	指标类型	基本指标	控制标准
草地	土壤质量	有效土层厚度/cm	≥30
		土壤容重/（g/cm³）	≤1.45
		土壤质地	沙土至壤黏土
		沙石含量/%	≤20
		pH	6.0～8.5
		有机质/%	≥1
	配套设施	道路	达到当地各行业工程建设标准

注：河北省各地区对草地有效土层厚度要求不统一，可根据地方要求确定。

（5）建设用地

①场地基本平整，建筑地基标高满足防洪要求。

②场地污染物水平降低至人体可接受的污染风险范围内。

③场地地基承载力、变性指标和稳性指标应满足《建筑地基基础设计规范》（GB 50007—2011）的要求，地基抗震性能应满足《建筑抗震设计规范》（GB 50011—2010）的要求。

矿山生态修复建设用地质量控制标准如表5-13所示。

表 5-13 矿山生态修复建设用地质量控制标准

地类	指标类型	基本指标	控制标准
建设用地	景观	协调	景观协调，宜居
	地形	平整度	基本平整
	稳定性要求	地基承载力	满足《建筑地基基础设计规范》（GB 50007—2011）的要求
	配套设施	防洪	地基设计标高满足防洪要求

3. 土地复垦设计

根据确定的土地复垦方向和质量要求，针对不同的土地复垦单元、不同的复垦措施，进行土地复垦工程设计。设计包括工程技术措施、生物和化学措施等。根据露天矿山特点，复垦单元主要包括采场平台（含工业广场、办公生活区、场内道路等）、掌子面、弃渣堆（含排土场）。各复垦单元设计要求如下：

（1）采场平台（含工业广场、办公生活区、场内道路等）

露天采场平台复垦方向与周围未破坏土地地类一致。根据采场面积、平整度以及其他土地利用条件，可优先复垦为耕地，其他可复垦为林地等。

1）耕地设计

耕地设计主要包括清理工程、土地平整、土壤重构、生物化学工程等。

①清理工程

清理工程包括工业广场和办公生活区建筑物、场内道路等的拆除清运。

②土地平整

对拆除清运干净的工业广场和办公生活区场地、道路以及其他平台场地进行平整，具体要求可参照《土地复垦质量控制标准》（TD/T 1036—2013）、《土地整治项目规划设计规范》（TD/T 1012—2016）和其他相关规范。

③土壤重构

a.覆土

平台平整后覆土，把矿区内表土均匀地铺覆在最上层，满足耕地的种植需求，覆土标准如表5-9所示。

b.覆土土源

矿区内表土量不能满足覆土需求时，需外运土方。土源土壤质量需符合设计要求。

④生物化学工程

a.土壤改良

对于复垦区旱地复垦后土壤肥力比较低的状况，需增加土壤有机质和养分含量，改良土壤性状，提高土壤肥力。改土措施可采用土壤培肥的方法，如施用有机肥、复合肥等来涵养土壤，施肥量可参照《河北省土地整治工程建设标准（试行）》（每公顷施有机肥9 000 kg、复合肥1 500 kg），也可根据土壤实际情况确定。

b. 土地翻耕

旱地施肥后，进行土地翻耕。翻耕一遍，旋耕两遍，每年一次。

2）林地设计

林地设计主要包括清理工程、土地平整、土壤重构、植被重建工程等。

清理工程和平整工程可参照耕地设计。

土壤重构包括覆土、挡墙砌筑等。为了满足林地的种植需求，对于复垦的林地覆土，覆土土源土壤质量、覆土厚度如表 5-11 所示。

覆土后的林地进行乔冠草相结合的植被重建。乔灌木种植设计及参数应满足设计要求。

（2）掌子面

掌子面复垦方向与周围未破坏土地地类一致。根据土地利用现状及其他土地利用条件，尽可能复垦为林地或草地。

1）林地设计

林地设计主要包括土地平整、平台土壤重构、植被重建工程等。

①土地平整

对由台阶式削坡形成的平台进行平整，平整要求符合矿山生态修复林地质量控制标准。

②平台土壤重构

a. 为防止水土流失，在掌子面台阶设置挡墙。参数：距边坡外缘 0.5 m，挡墙顶宽 0.5 m，底宽 0.7 m。挡墙高度与覆土厚度有关，台阶覆土厚度不小于 1 m，挡墙高度大于覆土厚度 5～10 cm。坡底设落石挡墙，坡底挡墙距坡底一般 10～30 m。

b. 为了满足林地的种植需求，复垦后的林地覆土、土壤质量应满足表 5-11 的要求。

③植被重建工程

掌子面平台植被重建要乔灌草结合，播种适合种植的乔灌木及草种。

2）草地设计

土地平整、平台土壤重构可参照林地设计。

（3）弃渣堆（含排土场）

弃渣堆（含排土场）复垦方向与周围未破坏土地地类一致。根据土地利用现状及其他土地利用条件，渣堆平台可复垦为林地，边坡可复垦为草地。

①林地设计

弃渣堆（含排土场）平台场地平整、土壤重构、植被重建的复垦工程可参照采场平台林地设计。

②草地设计

弃渣堆（含排土场）边坡复垦包括边坡平整、土壤重构、植被重建工程等。

4. 土地复垦工程施工

在露天矿山生态修复中，一般来说，农用地复垦比较常见。

农用地复垦工程施工应依据周边地形地貌，结合其他施工工程一起进行。

（1）施工工艺流程

测量放样—地表清理—场地平整及检测—表土回覆。

（2）施工方法

1）测量放样

①复核地面高程

施工单位进场后，测量人员在地块附近设置控制测量标桩，对地块高程进行复核，并与设计原地面高程进行对比看是否符合，如存在较大差错时，应请示建设单位和监理单位进行复核。

②施工放样

在施工前，按设计图纸或建设单位要求进行放样，控制好每个地块的边界与高程。

2）地表清理

施工单位进场做好施工准备工作后，先安排清除挖填区内沟底平面、坡面表层杂草、树木、树桩、废渣以及原地面以下的墓穴、井洞、树根等障碍物，拆除障碍后所留下的坑穴人工处理夯实原土基层，用现场土回填夯实，尽量保护施工区域以外的天然植被。

3）地块平整及检测

地块平整及检测参见《土地整治项目规划设计规范》（TD/T 1012—2016）。

①平整方量计算与调配

a.划分调配区。在平面图上先划出挖填区的分界线,并在挖方区和填方区适当划出若干调配区,确定调配区的大小和位置。

b.计算各调配区的土方量并标在图上。

c.计算各挖、填方调配区的平衡运距,即挖方区土方重心至填方区土方重心的距离,取场地或方格网中的纵横两边为坐标轴,以一个角作为坐标原点。

d.确定土方最优调配方案并绘出土方调配图。

②土方开挖

a.场地开挖应采取沿等高线自下而上、分层、分段依次进行,禁止采用挖空底角的方法;当在边坡上多台阶同时进行机械开挖时,应采取措施防止塌方。

b.边坡台阶开挖应做成一定坡势以利泄水;当边坡下部设有护角及排水沟时,应尽快处理台阶的反向排水坡,进行护脚矮墙和排水沟的砌筑和疏通,以保证坡脚不被冲刷以及在影响边坡稳定的范围内不积水,否则应采取临时排水措施。

③土方回填

a.推土机回填:填土应由上而下分层铺填,每层虚厚度不宜大于 30 cm;大坡度堆填,不得居高临下而不分层地一次堆填。推土机回填,可采取分堆集中、一次运送的方法,分段距离为 10～50 m,以减少运土漏失量;堆至填方部位时,应提起一次铲刀,形成堆装,并向前行驶 0.5～1 m,当推土机后退时将其刮平。采用推土机来回行驶进行碾压,履带应重叠一半。回填程序宜采用纵向铺填程序,从挖方区段至填方区段,以 40～60 m 距离为宜。

b.汽车回填:自卸汽车为成堆卸车,需配以推主机推土、摊平,每层厚度不大于 30～50 cm。回填可利用汽车行驶做部分压实工作,行车路线须均匀分布于填层下,回填推平和压实工作须分段交叉进行。

c.对于平整完的场地,应采用水准仪进行复测,严格按照规范控制标高,超出规范范围及时进行修改。

④压实

一般采用机械压实,方法如下:

a. 为保证填土压实的均匀性及密实度，应避免碾轮下陷，提高碾压效率。在碾压机械碾压之前，宜先用轻型推土机、拖拉机推平，低速预压 4～5 遍，预压遍数可适当调整，使表面平实。采用振动平碾压实爆破石渣或碎石类土，应先静压，而后振压。

b. 碾压机械压实填方时，应控制行驶速度，一般平碾、振动碾不超过 2 km/h，并要控制压实遍数。碾压机械与基础应保持一定距离，防止将基础压坏或基础产生位移。

c. 用压路机进行填方压实，应采用"薄填、慢驶、多次"的方法。碾压方向应从两边逐渐向中间，碾轮每次重叠宽度约 15～25 cm，避免漏压。边角、边坡、边缘压实不到之处，应辅以人力夯或小型夯实机具夯实。

d. 平碾碾压一层完成后，如果土层表面太干，应洒水湿润后，继续回填，以保证上、下层结合良好。

⑤田埂施工

a. 按设计或建设单位要求进行田埂施工。

b. 田埂外侧选择黏性较强的土壤，逐层压实后修坡，拍打结实。

⑥土地平整检测

施工单位按单元工程进行自检与自评，并填写相应的评定表报监理单位审核和复评后进行下道工序。

4）表土回覆及检测

①表土回覆

a. 用推土机将大粒径石块堆放于底层，较小的岩石废料置于上层，充填一层，压实一层，土层厚度满足设计或规范要求，切实保证表土质量。

b. 铺完后，地面高程与设计高程误差不应超过设计要求。回覆的表土中不宜有石块（卵石）、沙砾石、草根等杂物，若有应彻底清除干净。

②压实

该施工工序及施工要求参见 189 页④压实内容。

5.4.2 育苗基地

充分利用矿山开采后废弃的平台，进行育苗基地建设，加快荒山、荒地的绿化，控制水土流失，改善区域生态环境，从而有效促进当地林业产业发展。

根据地形条件合理设置苗木繁育区、苗木移植区以及道路、沟渠、检验室等。主要建设内容包括苗圃种苗繁育、基础设施建设、种植基地整治、种苗定植、水利及其他配套设施建设等。

1. 生产用地区划

充分利用现有的道路网络，作业区的宽度应根据地形是否有利于排灌系统的设置、机械作业等进行调整。作业区可细分为大苗区、小苗区、移植区、引种驯化区、容器栽培区等。

2. 辅助设施建设

辅助设施主要指道路、排灌系统、管理用房等各功能区，以道路为分界线，保证基地园区运输畅通。

3. 主要建设方案

（1）土地治理工程

为有效利用土地，平台应按照苗圃种植的需求进行整合，措施包括削高填低、统一种植方向、改变畦埂宽度等。

（2）种苗的选育和栽培管理

特色园林树种苗木基地的苗木质量应达到《主要造林树种苗木质量分级》（GB 6000—1999）、《育苗技术规程》（GB/T 6001—1985）等相关标准的要求。

种苗基地采用标准化整地和节水灌溉技术，以提高苗木品质和产量，减轻劳动强度，提高效益。

5.4.3 土壤改良

土壤改良是针对土壤的不良质地和结构，采取相应的物理、生物或化学措施，改善土壤性状、结构，提高土壤肥力，增加作物质量、产量，改善土壤环境的过程。土壤改良能有效改善露天矿山因开采活动而被破坏掉的土壤环境，是矿山植被恢复、土地复垦的重要基础。

1. 不同土壤的改良

（1）瘠薄黏重土壤的改良

这类土壤一般黏性较强，通透性差，保水保肥能力强，易积水，潜在养分含量高,有机质分解慢,易积累,肥劲长,昼夜温差小,不易耕作,宜耕期短,耕作质量差。改良方法:一是重施有机肥料。施入的有机肥料易于形成腐殖质,从而促进团粒结构的形成,改良土壤结构及耕性。一般每年每亩施有机肥15~20吨,3~4年即可形成良好的基地。二是压沙降低黏性。有条件的情况下,每亩地施入河沙土20~30吨,连续两年,配合施有机肥料,可使黏重土壤得到改良。

(2)低洼盐碱土壤的改良

低洼盐碱土壤一般易于积水,盐分含量高,其pH在8以上,妨碍作物的正常生长。改良方法:一是增施有机肥料,提高有机质的含量。改良盐碱土的最基本方法是切断表土与底土之间的毛细管的联系。可使用有机肥料转化成的腐殖质,促使表土形成团粒结构,起到压盐的作用。二是农业生物措施,包括平整土地、土壤培肥、种植耐碱作物与绿肥。三是化学改良措施,主要是使用土壤改良剂。

(3)沙质土壤的改良

沙性重的土壤一般表现为过分疏松,漏水漏肥,缺乏有机质,蒸发量大,保温性能低,肥劲短,后期易脱肥。改良方法:一是大量施用有机肥料,这是改良沙质土壤的最有效的方法,即把各种堆肥在春耕或秋耕时翻入土中。由于有机质具有缓冲作用,可以适当多施可溶性化学肥料,尤其是铵态氮肥和磷肥,其能够保存在土中不流失。二是大量施用河泥、塘泥,这也是改良沙土的好方法。每年每亩沙土施河泥4~10吨,结合耕作,增施有机肥,使肥土相融。由于在露天开采过程中,富含有机质的表层土大多被取走,因此首要的问题是增加土壤中的有机质含量。土壤中的有机质可提供作物所需要的养分和提高养分的有效性,改善土壤的理化性状,增强土壤的保肥性能和缓冲性能。三是在两季作物间隔的空余季节,种植豆类科蔬菜,间作、轮作,以增加土壤中的腐殖质和氮素肥料。四是对土壤进行深翻,使底层的黏土与沙土掺和均匀,以降低其沙性。还可以采用客土改良的办法降低沙性,提高土壤的储水、储肥能力。

(4)过沙、过黏土壤改良

一是增施有机肥。通过加大有机肥施用量,将沙土凝结成小土团,改变沙土松散、无结构的不良状况，提高对于养分的吸收储存能力；将黏土黏结的大土块碎裂成大小适中的土块，增加土壤的通透性，弥补土壤质地过沙、过黏带来的缺陷。二是掺杂客土，改良土质。将质地过沙、过黏的土壤（客土）掺和到过黏或过沙的土壤（本土）中去改变本土质地。改良的深度范围为土壤耕作层。沙土掺黏的比例无明确要求，而黏土掺沙要求沙的掺入量比需要改良的黏土量大。三是翻淤压沙，翻沙压淤。当某地的底层与耕层土壤差别较大时，可以通过耕翻，将底土作为客土，翻动起来与耕层土混合，达到调节耕层质地的目的。四是引洪漫沙。洪水中的淤泥来自地表肥沃的泥土，将洪水有控制地引入农田，可以通过沉淀增加沙土的土层厚度，改良质地，肥沃土壤。五是不同土质，不同措施。沙土整地时，畦低一些，垄宽一些，播种深一些，播种后要镇压接墒，肥料少量勤施。黏土整地时，要求畦高垄窄，冬耕尽量多放水晒田，播种浅一些，以利出苗。

（5）酸性土壤改良

一是使用石灰中和酸性，每亩每次施 20～25 kg 石灰，直至改造为中性或微酸性土壤。二是增施绿肥、农家肥，施足底肥，增加土壤中的有机质，达到改善土壤酸性的效果。三是增加灌溉的次数，冲淡酸性对作物的危害。四是增施碱性肥料，如碳酸氢铵、氨水、石灰氮、钙镁磷肥、磷矿石粉、草木灰等，中和土壤，提高作物品质产量。

（6）盐碱性土壤改良

一是增施有机肥，提高土壤中有机质的含量，改善土壤理化性状，增强土壤的保水保肥能力。二是种植绿肥，增加有机肥的同时加大覆盖，起到减少蒸发和抑盐的作用。三是合理耕作，及时松土，可减少蒸发、破除板结、改善通气、抑制返盐，利于种子萌发和根系吸收。四是种植水稻。长时间泡水，土壤中的盐分被压到耕层以下的地下水里，可通过种植水稻将盐分排出田外。五是植树造林，降低风速，减少蒸发，减轻地面返盐。六是刮除盐土。在春秋旱季，将含盐表土刮除，移出耕地外，降低土壤含盐量。七是化学改良。通过施用磷石膏、酸性化肥、抑盐剂等，改良碱性土壤。

2. 根据土壤改良后土地的不同利用方向，采用合理的改良方式

（1）果园土壤改良方法

如是在土层较浅薄、土壤较贫瘠的山地或二荒地建苹果、梨、桃、葡萄等，栽植前未进行过开园整地和培肥地力，果苗栽下后，耕作层浅，结构不良，肥力低，有机质少，酸碱度不适宜，应针对存在的具体问题，及早采取以下措施进行改良。一是加深耕作层。坡度较大、水土流失重、耕作层浅的果园，补修梯地或挖鱼鳞台，以降低坡水流速，从而减少表层熟土被冲刷而流失。同时深耕台面行间，重视农家肥和大压绿肥，并进行合理间作，以加深土壤活动层和加速熟化，从而将其逐步变成适宜果树生长的园地。二是改良土壤结构。结构差的重黏土、重沙土和沙砾土，应进行"客土掺和"，即重黏土掺沙土，重沙土掺黏土、塘泥和河泥，沙砾土捡去大砾石掺塘泥或黏土，再结合重施有机肥和合理间作，就可慢慢改良成结构良好的土壤。三是增加有机质。有机质是地面上植物枯死后的残骸或人为施用的各种有机物，分新鲜有机物和腐殖质两大类，是土壤中特有的有机体。有机质含量是判断土壤肥力的重要标志，也是果树生长良好的重要条件。我国果园的有机质含量一般只有1%～2%，按多数果树的需要应在3%～5%为宜。增加和保持土壤有机质含量的方法是翻压绿肥，增施厩肥、堆肥、土杂肥和作物加工废料，地面盖草等，保持土壤疏松透气。四是调节酸碱度。不同的果树适应的土壤酸碱度不同，如苹果最适宜的土壤pH为5.4～6.8，梨为4～5.8，桃为4～5.5。pH为6时，磷的有效利用率最大，此时磷以磷酸钙的状态存在；pH小于5.5时，土壤中的氧化铝和铵离子的危害作用最强，磷酸和铜变成固态而不能为根系吸收。调节的方法，除作好水分管理、翻压绿肥和增施有机肥外，pH 5.5以下的酸性土，多施碱性和微碱性化肥，如碳酸氢铵、氨水、石灰氮、钙镁磷、磷矿粉、草木灰等，必要时增施石灰，使土壤中的酸与石灰中的钙化合而生成硫酸钙，从而降低土壤酸度。pH超过8以上的碱性土壤，会使苹果、梨等果树产生生理障碍，出现叶片黄化和缺素症。调节的方法：一是施肥时多施有机肥和酸性化肥，如硫酸铵、硝酸铵、过磷酸钙、硫酸钾等，用这些化肥中的酸去中和土壤中的碱。二是建立灌排系统，定期引淡水灌溉，灌水洗盐和冲淡盐碱含量，使含盐量降低到0.1%以下。三是地面铺沙、盖草

或盖腐殖质土，以防止盐碱上升。四是营造防护林和种植绿肥，用以降低风力风速，减少水分蒸发，防止土壤返碱。五是勤中耕，切断土壤毛细管，降低水分蒸发量，防止盐碱上升。

（2）菜田土壤改良的方法

蔬菜栽培对土壤要求较高，要想使蔬菜生长良好，必须对菜田土壤进行不断的改良与培肥。主要措施如下：①增施有机肥料。增加土壤有机质含量，可以改善土壤结构，增强透气性，保持土壤疏松，提高土壤的保水保肥能力。②适当深耕。在增施有机肥的基础上，秋季适当深耕，可以促进土壤熟化，增强土壤通透性，提高土壤肥力，有利于根系发育。③对于沙性较大的土壤，除增施有机肥外，可适当掺入一些黏土或河泥土；而对于黏重的土壤，应逐年掺些细沙，以利于改良土壤的理化性状。④酸性较大的土壤，可施入石灰进行中和，并尽量少施酸性肥料。⑤低洼地应进行大垄高畦栽培，田间挖好排水沟，防止涝害。⑥建立合理的轮作制度，以有利于土壤养分的合理利用及地力的维护。

一般来说，土壤板结和盐碱化，主要是由于大量施用化肥，使得土壤肥力衰退，有机质匮乏，进而使得土壤透气性降低。所以针对菜地随水冲肥，补充有机质、提高肥料的利用率、减少养分流失是关键。首先，有机肥与化肥混合冲施。冲施有机肥，可选择鸡粪、猪粪等，但一定要注意鸡粪或猪粪等必须充分腐熟后才能使用，以免造成烧根熏苗或引发病虫害等。有机肥不宜连续冲施，应与化肥搭配使用，可混合冲施或轮换冲施。其次，减少化肥的用量，选用全水溶性速效肥进行冲施。全水溶性速效肥，养分全、含量高、用量少、利用率高，一般情况下，每亩每次冲施 4～5 kg 即可。再次，增施生物菌肥。生物菌肥多具有解磷解钾的作用，虽养分含量少，但它可将土壤中固定态的磷、钾释放出来供蔬菜吸收利用，可起到降解盐害、促进植株生长的作用。

（3）温室大棚土壤改良的方法

温室大棚栽培是一项高度集约化的生产项目，一年要栽培 2～3 茬作物，所以对土壤理化性状及养分要求较高，需不断改良和培肥，以不断满足作物生长对养分的需要。主要措施如下：①适当深松深翻，逐年加深耕作层。

温室大棚常年使用,在生产过程中经常灌溉,土壤易板结,所以应适当深松或深翻,以改善土壤的通透性。温室大棚面积小,不利于大型机械作业,现在不少厂家开发研制出适于温室大棚内应用的小型耕整机具,可以选用,必要时也可进行人工整地。②增施有机肥。以施腐熟的粪肥和优质土杂肥效果最好,可增加土壤中有机质的含量,使土壤结构得到改善,透气性能得到增强,土壤的保肥保水能力得到提高。③建立合理的轮作制度。科学地轮作换茬,有利于土壤养分的合理利用,有利于培肥土壤地力。如:早春栽番茄,收获后种夏白菜;早春种黄瓜,收获后种马铃薯;等等。也可种一茬直根系蔬菜,再种一茬须根系蔬菜,这样可充分利用土壤不同层次中的养分,同时可以防止土壤中某种营养成分消耗过快。④黏性土壤掺适量细沙。在黏性土壤耕作层掺入适量细沙,可以降低土壤黏性,以利于土表细碎而不板结。⑤沙性较强的土壤应加施塘泥。沙性强的土壤应在增施有机质肥料的同时,加施塘泥,这样不仅能改善土壤的结构及理化性状,还能起到保肥保水作用。采取以上综合技术措施,可充分改良土壤,增加土壤中有机质的含量,保证棚室生产获得更大的经济效益。

(4)园林土壤改良

园林植物具有多样性,土壤是植物生长环境中的必要物质条件,不同的植物生长需要不同的土壤条件与之相适应。通过土壤改良来为园林植物创造良好的生长环境,是提高施工质量的重要环节,也是提高园林植物成活率的关键工序。具体改良措施如下:

1)土壤偏碱的改良措施

①化学改良

化学改良是一种用于大面积土壤改良的措施,主要方法是通过强酸根离子与土壤中的碱性离子中和,达到降低土壤碱性的目的。如施用石膏对土壤进行改良,利用石膏中的硫酸根离子对碱性土壤中的碳酸钠进行置换,形成石灰和中性盐,同时钙离子可以代换土壤胶体土的钠离子,使土壤碱性降低,从而改良土壤。

②穴土置换

穴土置换是一种局部土壤的改良措施,即在需要种植喜酸性植物的位置,挖树穴时适量放大树穴，种植前，在树穴中填入酸性的优良营养土、山泥或腐熟的有机肥、珍珠岩等，利用这些土壤本身的酸性进行土壤改良，从而改善树穴土壤的酸碱度、透气性和肥力。

③生物改良

生物改良是利用一些绿肥植物在生长过程中吸收土壤中的碱性物质，同时又能在其根部分泌酸性物质，以及其根瘤腐化后能在土壤中残留酸性物质的特点，达到降低土壤pH的改良措施。可以用作碱性土壤生物改良的绿肥植物有酸性绿肥作物，如苜蓿、草木樨、百脉根、田菁、扁蓿豆、麦草、黑麦草、燕麦、绿豆等。

④物理改良

根据水溶性盐或碱性物质的特点，通过地面水溶解地表土壤中的水溶性盐或碱性物质，再通过挖排水沟和灌水浸土，把土壤深层的水溶性盐或碱性物质溶解，随排水排出，达到有效降低土壤水溶性盐或碱性物质含量，从而降低土壤碱性的目的。

⑤施用有机肥改良

有机肥料都有较强的阳离子代换能力，可以吸收更多的钾、铵、镁、锌等元素。有机肥含有许多有机酸、腐殖酸、羟基等物质，具有很强的螯合能力，能与许多金属元素如锰、铝、铁等螯合形成螯合物。有机肥可中和土壤中的碱性物质和防止土壤板结，形成有机－无机团聚体；改善土壤物理性质，提高土壤自身的抗逆性，形成良好的土壤生态环境。

⑥引用新科技改良

随着科技的发展，近年来出现了不少土壤改良剂，这些土壤改良剂对不同的土壤有不同的针对性，主要作用机理不外乎促进土壤养分转化，降低土壤中重金属及有害物质的活性，改善土壤板结，促进土壤生态系统恢复，从而改善土壤的通透性和保水、保肥功能。在园林工程施工中，合理选用具有针对性的土壤改良剂，能在较短的时间内改良土壤，去除土壤中的有害物质，达到改良土壤、提高园林植物种植施工质量的目的。

2）降低地下水位

地下水位偏高会造成树穴积水，对植物根部造成渍害，严重时会导致植物根部腐烂从而死亡,所以防治地下水的危害也是改良种植土壤环境的重要措施。

①渗透降水

在绿地中开挖一定数量的排水集水井,使地下水渗入排水集水井后,再通过排水系统(或机械抽排,如水泵)集中排出,从而使整片绿地的地下水位降低,达到地下水不再渗入树穴造成植物渍害的目的。

②阻断地下水

在树穴底部垫设一层砾石,形成地下水上升毛细管断层,以阻断地下水的上升毛细管,使地下水不再通过上升毛细管进入树穴,从而有效防止地下水上升后树穴积水而使植物根部受到浸害。

③开沟排水

开挖具有一定间距和深度的排水沟。排水沟的深度起着控制地下水高度的作用。一般来说,排水沟应略低于植物根系深度,以保证地下水上升至植物根系以下时,就渗入排水沟成为地表水。排水沟的间距能控制地下水下降和排出的速度,一般排水沟间距越小,地下水下降速度越快,在一定时间内排出的地下水也越多。但在运用时,必须以园林景观为先,会同设计和建设部门控制好排水沟的密度,不可因开挖排水沟而影响园林景观的质量。同时,对排水沟进行加盖和装饰,既能防止意外发生,又能提高景观质量。

④堆种防水

堆种就是在种植园林植物时,开挖的种植坑较浅,一般仅为土球的 1/3～1/2,植物土球放入种植坑后进行填土,对于高出地面的土球,采用从地面放坡堆土的种植方法。这样的种植方法,因为种植坑较浅,坑底高于地下水位,可有效防止地下水对植物根系造成渍害。

3. 土壤通气性的改良

植物根系的呼吸作用需要土壤具有良好的通气性,植物根部发生窒息后,会造成植物无法正常地从土壤中吸收水分和其他生长所必需的物质,从而影响植物的正常生长。所以,改善土壤的通气性也是土壤改良的一个重要部分。

(1)减少土壤密实度

在翻松(挖掘)土壤的过程中,往土壤中掺入泥炭、碎树枝、腐叶土等多孔性有机物，增加土壤中的孔隙，使土壤的密实度降低，从而改善土壤的通气状况。

（2）防止土壤机械密实

在堆造绿地地形或绿地进土施工中，采用人工驳运和回填，尽可能地减少推土机等机械作业，防止机械在作业过程中对土壤的碾压。同时，对已完成的地形进行自然条件下的保护，防止人为践踏。此外，在园林地坪的铺装方面，尽可能采用透气性的铺装材料，从而使土壤保持自然的密实度，确保土壤气体和外界正常交换。

（3）埋设人工透气材料

在种植植物时，采用加放人工透气管的方法，改善植物根部的透气性。人工透气管可用无纺布包裹通气管制成，在无纺布袋中放置。一定直径的塑料管，空档处填满珍珠岩，放置于树木根部，管长以从植物根部至地表为宜。这样做相当于人为地在土壤中营造出透气空间，使大气能深入土壤中，改善植物根部的透气性。

（4）土壤生物的作用

利用土壤中有益生物的作用，改善土壤结构。例如，利用蚯蚓在土壤中钻洞和吞土排粪等生命活动，改变土壤的物理性质，使板结贫瘠的土壤变得疏松多孔。同时，蚯蚓的排泄物还可以被其他土壤微生物利用，形成以蚯蚓为中心的生态环境，降解土壤中的有害物质，改变土壤的结构，改变土壤的化学性质，提高土壤的保墒通气透水能力。

5.4.4 污染土壤修复

污染土壤修复是指根据物理、化学、生物、生态学原理，采用人工调控措施，使土壤污染物浓（活）度降低，实现污染物的无害化和稳定化，以达到解毒目的的技术措施。目前，理论上可行的修复技术有植物修复、微生物修复、化学修复、物理修复和综合修复等几大类。有些修复技术已经进入现场应用阶段并取得了较好的效果。修复污染土壤，对于阻断污染物进入食物链，防止其对人体健康造成危害，促进土地资源保护和可持续发展具有重要意义。目前，关于该技术的研发主要集中于可降解有机污染物和重金属污染土壤的修复两大方面。

1. 物理修复技术

（1）物理分离修复技术主要应用在污染土壤中无机污染物的修复方面，它最适合用来处理小范围的污染土壤，从土壤、沉积物、废渣中分离重金属，恢复土壤的正常功能。它的基本原理是根据土壤介质及污染物的物理特征，采用不同的方法将污染物质从土壤中分离出来，包括依据粒径大小采用过滤或微过滤的方法进行分离，依据分布、密度大小采用沉淀或离心分离，依据磁性特征采用磁分离手段，依据表面特性采用浮选法进行分离等。多数物理分离修复技术都有设备简单、费用低廉、可持续高产等优点，但是在具体分离的过程中，要考虑技术的可行性和各种因素的影响，包括要求污染物与土壤颗粒的物理特征差异显著，特别是当土壤中有较大比例的黏粒、粉粒和腐殖质存在时，很难操作。

（2）蒸汽浸提修复技术是指利用物理方法通过降低土壤孔隙的蒸汽压，把土壤中的污染物转化为蒸汽形式而加以去除的技术。其可分为原位土壤蒸汽浸提技术、异位土壤蒸汽浸提技术和多相浸提技术。该技术适用于高挥发性化学污染土壤的修复。原位土壤蒸汽浸提技术适用于处理蒸汽压大于 66.66 Pa 的挥发性有机化合物，如挥发性有机卤代物或非卤代物，可适用于除去土壤中的油类、重金属、多环芳烃或二噁英等污染物。异位土壤蒸汽浸提技术适用于修复含有挥发性有机卤代物和非卤代物的污染土壤。多相浸提技术适用于处理中、低渗透型地层中的挥发性有机物。其显著特点是可操作性强，处理污染物的范围广，可由标准设备操作，不破坏土壤结构，可回收利用有潜在价值的废弃物等。

（3）稳定/固化修复技术是指通过固态形式在物理上隔离污染物或者将污染物转化成化学性质不活泼的形态，降低污染物的生物有效性，以消除或降低污染物的危害。其可分为原位稳定/固化修复技术和异位稳定/固化修复技术。原位稳定/固化修复技术通常适用于重金属污染土壤的修复，一般不适用于有机污染物污染土壤的修复。异位稳定/固化修复技术通常适用于处理无机污染物质，不适用于半挥发性有机物和农药杀虫剂污染土壤的修复。其中，固化是指利用水泥一类的物质与土壤相混合，将污染物包被起来，使之呈颗粒状或大块状,进而使污染物处于相对稳定的状态。

(4) 热处理修复技术是指通过直接或间接热交换,将污染介质及其所含的有机污染物加热到足够的温度(150~540℃),使有机污染物从污染介质中挥发或分离的过程。其按温度可分为低温热处理修复技术(土壤温度为150~315℃)和高温热处理修复技术(土壤温度为315~540℃)。热处理修复技术适用于处理土壤中的挥发性有机物、半挥发性有机物、农药、高沸点氯代化合物,不适用于处理土壤重金属、腐蚀性有机物、活性氧化剂和还原剂等。

(5) 电动力学修复技术的基本原理,包括土壤中污染物的电迁移、电渗析、电泳和酸性迁移等。电动力学修复技术通常包括以下几种:①原位修复,直接将电极插入受污染土壤,污染修复过程对现场的影响最小;②序批修复,污染土壤被输送至修复设备分批处理;③电动栅修复,在受污染的土壤中依次排列一系列电极用于去除地下水中的离子态污染物。与挖掘、土壤冲洗等异位修复技术相比,电动力学修复技术对现有景观、建筑和结构等的影响较小,不会破坏土壤本身的结构,而且该过程不受土壤低渗透性的影响,并对有机污染物和无机污染物都有效。

(6) 对受到重金属污染的土壤进行修复,采用的物理修复方法主要有重金属污染土壤电动修复,这是一种新兴的技术,目前处于实验室和小规模试验研究阶段。这种方法应用了离子的电动力学和电渗析原理,所以有的学者也称之为电渗析土壤修复。这种技术是在土壤处于酸性条件下,使用直流电对重金属进行清除处理。试验表明,在土壤酸性条件下,铅和镉都可被有效地清除。这种技术的优点是在一些特殊的山区使用比较方便,因为对于土壤的处理,仅仅限于两个电极之间,不涉及两极以外地区的土壤。这种方法对于质地黏重的土壤来说效果良好,因为黏土表面有负电荷,同时在饱和及不饱和的土壤中都可应用。

2. 化学修复技术

(1) 化学淋洗修复技术是指借助能促进土壤环境中污染物溶解或迁移作用的化学/生物化学溶剂,在重力作用下或通过水力压头推动清洗液,将其注入被污染的土层中,然后再把包含有污染物的液体从土层中抽提出来,进行分离和污水处理的技术。清洗液是包含化学冲洗助剂的溶液，具有增溶、乳化效果，或改变污染物的化学性质。提高污染土壤中污染物的溶解性和它在液相中的可迁移性是实施该技术的关键。到目前为止，化学淋洗修复技术主要是用表面活性剂处理有机污染物，用螯合剂或酸处理重金属来修复被污染的土壤。开展修复工作时，既可在原位进行修复，也可在异位进行修复。化学淋洗修复技术适用于各种类型污染物的治理，如重金属、放射性元素以及许多有机物。

（2）对地下水具有污染效应的化学物质经常在土壤下层较深较大范围内呈斑块状扩散，这使得常规的修复技术往往难以奏效，一个较好的方法是构建化学活性反应区或反应墙，当污染物通过这个特殊区域时被降解或固定，这就是原位化学还原与还原脱氯修复技术。其多用于地下水的污染治理，是目前新兴的用于原位去除污染水中有害成分的方法。原位化学还原与还原脱氯修复技术需要构建一个可渗透反应区并填充化学还原剂，修复地下水中对还原作用敏感的污染物和一些氯代试剂，当这些污染物迁移到反应区（可渗透反应墙）时，或者被降解，或者转化成固定态，从而使污染物在土壤环境中的迁移性和生物可利用性降低。通常这个反应区设在污染土壤的下方或污染源附近的含水土层中。常用的还原剂有 SO_2、H_2S 气体等。一般在污染地下水的过流断面上，把原来的土壤挖掘出来，代之以一个可渗透反应墙。可渗透反应墙墙体可以由特殊种类的泥浆填充，加入其他被动反应材料，如降解易挥发有机物的化学品、滞留重金属的螯合剂或沉淀剂以及提高微生物降解作用的营养物质等。理想的墙体材料除了能够有效进行物理化学反应外，还要保证不造成二次污染。

（3）原位化学氧化修复技术主要是通过掺进土壤中的化学氧化剂与污染物产生氧化反应，使污染物降解或转化为低毒、低移动性产物的一项修复技术。原位化学氧化修复技术不需要将污染土壤全部挖掘出来，而只是在污染区的不同深度钻井，将氧化剂注入土壤中，通过氧化剂与污染物的混合、反应，使污染物降解或产生形态的变化。

（4）原位覆盖修复技术是用带有清洁剂的化学修复剂来覆盖污染土壤。可以通过灌溉将其浇灌或喷洒在污染土壤的表层，或把液态化学修复剂注入亚表层土壤中。如果试剂会产生不良的环境效应，或者所使用的化学试剂需要回收再利用，则可以通过水泵从土壤中抽提化学试剂。非水溶性的改良剂或抑制剂可通过人工撒施、注入、填埋等方法施入污染土壤中。如果土壤温度较高并且污染物质主要分布在土壤表层，则适合使用人工撒施的方法。为保证化学稳定剂能与污染物充分接触，人工撒施之后，还需要采取普通农业技术（例如耕作）把固态化学修复剂充分注入污染土壤的表层，有时甚至需要深耕。如果非水潜性的化学修复剂颗粒比较细，可以用水、缓冲液配制成悬浊液，用水泥枪或者近距离探针将其注入污染土壤中。

（5）溶剂浸提修复技术是一种利用溶剂将有害的化学物质从污染的土壤中提取出来或去除的技术。PCBs等油脂类物质不溶于水，易吸附或黏贴在土壤中，处理起来比较困难，溶剂浸提修复技术能够克服这些困难。将污染土壤挖掘出来并放在提取箱（除出口外其他部位密封很严的容器）内，在其中进行溶剂与污染物的离子交换等化学反应。土壤中的污染物基本溶解于浸提剂时，再借助泵的力量将其中的浸出液排出提取箱并引导到溶剂恢复系统中。按照这种方式重复提取过程，直到目标土壤中污染物水平达到预期标准。同时，要对处理后的土壤引入活性微生物群落和富营养介质，以快速降解残留的浸提液。

3. 生物修复技术

广义的生物修复是指一切以利用生物为主体的环境污染的治理技术。它包括利用植物、动物和微生物吸收、降解、转化土壤和水体中的污染物，使污染物的浓度降低到可接受的水平，或将有毒有害的污染物转化为无害的物质，也包括将污染稳定化，以减少其向周边环境的扩散。生物修复也曾被称为生物恢复、生物清除、生物再生和生物净化等。一般分为微生物修复、植物修复和动物修复3种类型。根据生物修复的污染物种类，它可分为有机污染生物修复、重金属污染生物修复和放射性物质生物修复等。

微生物修复技术是指通过微生物的作用清除土壤中的污染物，或是使污染物无害化的过程。它包括自然和人为控制条件下的污染物降级或无害化的过程。微生物对有机污染土壤的修复以其对污染物的降解和转化为基础，主要包括好氧和厌氧两个过程。完全的好氧过程可使土壤中的有机污染物通过微生物的降解和转化而成为 CO_2 和 H_2O_3，厌氧过程的主要产物为有机酸与其他产物。然而有机污染物的降解是一个涉及许多酶和微生物种类的分步过程，一些污染物不可能被彻底降解，只是转化成毒性和移动性较弱或更强的中间产物。

5.5 灌溉工程

5.5.1 水源工程

1. 机井工程

（1）设计原则

1）机井设计应根据机井规划、建井用途、需水量、水质要求和水文地质条件进行设计。

2）根据国务院颁布的《取水许可证制度实施办法》，建设项目经批准后，建设单位应当持设计任务书等有关批准文件向县级以上人民政府水行政主管部门提出取水许可申请。

3）滤水结构应满足下列要求：

①有足够的强度；

②有足够的进水面积；

③有效防止涌沙；

④避免堵塞，防止腐蚀。

（2）机井设计出水量的确定

1）机井设计出水量与降深，应经抽水试验后确定。

2）资料不足时，可据探采结合的实测资料或根据附近同类条件的机井资料确定，也可选用经验公式或理论公式计算。

3）成井后均应进行试验抽水，予以校正。

（3）技术要求

1）管井轴线垂直度，井孔必须保证井管的正常安装，井管必须保证抽水设备的正常工作。

2）管井深度应根据需水量和拟开采含水层（组、段）的埋深、厚度、水质、富水性及其出水能力等因素综合确定。

3）井孔和井管直径等设计规格应按照《机井技术规范》(GB/T 50625—2010) 中的相关标准进行计算。

2. 蓄水工程

蓄水工程主要包括利用采坑修建的蓄水池、蓄水坑以及高位水池。

（1）蓄水量的确定

1）计算地表径流：一般可采用降雨径流来推算地表径流，可查当地水文计算手册。

2）计算坑塘集水面积：对其周边进行实地调查，参照矿山开采境界、所在的局部地形分水岭（线）划定确定坑塘的集水面积。

3）确定坑塘来水量和坑塘有效容量，按照相关技术标准进行计算。

（2）灌溉面积、灌溉定额、灌溉保证率的确定

1）灌溉保证率应根据水文气象、水土资源、作物组成、灌区规模、灌水方法及经济效益等因素确定，可参照《灌溉与排水工程设计标准》(GB 50288—2018) 确定。

2）灌溉面积根据坑塘的有效容量和农作物灌溉定额确定。

3）农作物灌溉定额根据灌溉试验资料、水量平衡原理和灌溉经验确定。

5.5.2 输配水工程

1. 灌溉渠道

（1）设计原则

1）渠道级数应根据灌区面积大小和地形条件而定；

2）灌溉渠道系统不宜越级设置渠道；

3）渠线宜短而直，并应有利于机耕，避免深挖、高填；

4）渠道设计应满足作物的需水要求，促进农业发展；

5）如有需要，应修建相应的排水系统，灌排统一规划。

（2）渠道设计流量

1）渠道设计流量必须满足典型年内灌水期间渠道需要通过的最大流量。

2）根据渠道的配水方式设计流量的计算方法。

（3）渠道断面设计

渠道的纵断面设计和横断面设计应符合以下要求：

1）保证设计输水能力、边坡稳定和水流安全通畅；

2）各级渠道之间和渠道各分段之间平顺衔接；

3）末级渠道放水口的水位高出平整后的田面进水端不少于 10 cm；

4）渗漏损失量较小；

5）占地较小，工程量较小；

6）施工、运用和管理方便。

2. 灌溉管道

（1）设计原则

1）管道应短而直，水头损失小，总费用省和管理运用方便。

2）各用水单位应设置独立的配水口。配水口的位置、给水栓的型号和规格尺寸必须与相应的灌溉方法和移动管道连接方式一致。

3）地形复杂处可采用变坡布置。

4）管网压力分布差异较大时，可结合地形条件进行压力分区，采用不同压力等级的管材和不同的灌溉方式。

5）如管道纵向拐弯处可能产生真空，应留出 2～3 m 水头的余压。

6）固定管道宜埋在地下，易损管材必须埋在地下，埋深应不小于 60 cm，并应在冻土层以下。

7）各级管道进口必须设置截止阀，分水口较多的输配水管道，每隔 3～5 个分水口应设置一个截止阀，管道最低处应设置排水阀。

8）应根据水力特性在相应位置设进、排气阀或水锤防护装置。

9）应设置压力、流量计量装置。

（2）设计要求

1）系统进口设计流量应根据全系统同时工作的各配水口所需设计流量之和确定，设计压力应经技术经济比较确定。

2）管道技术参数设计参照《灌溉与排水工程设计标准》（GB 50288—2018）相关内容。

3）管材的选择应符合相应标准、规范的规定。

5.5.3 喷灌、微灌工程

1. 设计原则

（1）水资源紧缺或经济作物地区，应根据灌区水源、地形、土壤、作物和经济等条件，选用喷灌、微灌（包括微喷灌、滴灌）或其组合系统。

（2）喷灌系统宜与农业适度规模经营协调一致。有条件时，喷灌、微灌系统可与乡镇供水相结合。

（3）喷灌和微灌系统设计应符合现行国家标准《喷灌工程技术规范》（GB/T 50085—2007）和《微灌工程技术规范》（GB/T 50485—2020）的规定。

2. 喷灌工程

（1）管道式喷灌系统的用户系统设计应符合下列规定：

1）各用户系统的喷灌面积必须集中连片，系统内各点工作压力差应在喷头允许的压差范围内。

2）用户系统配水点位置的确定，应有利于缩短输配水管网长度及田间喷灌设备的布置和运行。

3）配水点应设置调节流量、压力的给水栓和测量设备。取水口的尺寸和供水流量应标准化、系列化。

4）喷灌支管应平行于耕作方向布置。地形高差较大时，支管也可垂直于等高线布置。必要时，支管上各个喷头应按设计工作压力分别安装消能装置。

5）喷灌支管的流量、直径和长度，应根据支管上任意两喷头工作压力差不大于设计压力的20%，以及地块形状和喷头组合要求等确定。

6）用户系统范围内应实行轮灌。

7）轮灌编组应以避免支管以上管道流量过于集中，且各组管路沿程水头损失基本一致，并方便操作为原则。

8）用户系统设计流量应为同时工作的支管设计流量之和。支管设计流量应为喷头数与喷头额定流量的乘积。

9）用户系统配水点设计工作压力，可根据最不利轮灌组所需的工作压力推算确定。

（2）管道式喷灌系统的输配水系统设计应符合下列规定：

1）输配水系统可分为总干管、干管和分干管三级，形成树枝状管网。

2）输配水系统的布置，应连接每一个配水点，并使管道总长度最短。

3）输配水系统的设计流量、设计压力应满足全部用户系统设计流量和大部分用户系统设计压力的需要。当少数用户系统需要压力较高，而提高整个输配水系统压力又不经济时，应另建增压泵站。

4）输配水系统各节点的设计流量和管径配比根据相关公式计算。

（3）机组式喷灌系统的用户系统设计应符合下列要求：

1）配水点位置和控制面积的安排，应有利于连接管和喷灌机的布置和运行。

2）配水点的设计流量、设计压力应满足工作机组的需要。同一用户系统提供的机组工作压力应基本一致。

3）中心支轴式喷灌机所造成的未喷地角，应进行补喷或加以利用。

4）井灌地区可利用机井作为配水点，直接向机组供水。

3. 微灌工程

微灌系统设计应符合下列规定：

（1）微灌用水必须经过净化处理，不得含有泥沙、杂草种子、鱼卵、藻类及其他有可能堵塞管道和灌水器的物质。

（2）支管布置应有利于毛管沿等高线、作物种植方向或果树行间设置。

（3）微灌用户与喷灌用户共用同一输配水系统时，从输配水管路节点上引出的微灌用户系统，仍应由干管、支管、毛管组成，并应在干管首部设置水质净化装置。

（4）由集中排列的多条毛管组成的微灌小区，应设阀门控制。微灌小区之间宜按轮灌进行设计。同一微灌小区内，灌水器的平均流量应与各灌水器的设计流量基本一致，微灌均匀系数应不低于0.8。

5.6 道路工程

5.6.1 设计原则

（1）道路的技术指标，应满足场内各种施工车辆、机械及重大件运输的要求。

（2）道路设计应符合总体规划或总平面布置的要求，并应根据道路性质和使用要求，合理利用地形，统筹兼顾，合理布设。

（3）道路等级及其主要技术指标的采用，应根据受纳场规模、道路性质、使用要求、交通量、车种和车型，并综合考虑将来的利用情况确定。

（4）场内道路设计应为道路建成后的经常性维修、养护和绿化工作创造有利条件。

（5）道路设计除应符合本规范的规定外，还应符合现行的有关标准规范的规定。

5.6.2 路基

1. 设计原则

（1）路基设计，应根据道路性质、使用要求、材料供应、自然条件（包括气候、地质、水文）等，结合施工方法和当地经验提出技术先进、经济合理的设计。

（2）设计的路基，应具有足够的强度和良好的稳定性。对于影响路基强度和稳定性的地面水和地下水，必须采取相应的排水措施，并应综合考虑附近农田排灌的需要。

2. 技术标准

（1）路基高度的设计，应使路肩边缘高出地面积水，并考虑地面水、地下水和冰冻作用对路基强度和稳定性的影响。

（2）路基高度的设计，可参照现行的有关道路的设计规范。

（3）路基横断面的各部尺寸，除路基宽度应按相关道路规范的规定设计外，还应根据气候、土质、水文、地形等确定。

（4）路堑边坡坡度，应根据自然条件、土石类别及其结构、边坡高度、施工方法等确定。

（5）路堤边坡坡度，应根据自然条件、填料类别、边坡高度、施工方法等确定。

（6）应根据地形、地质和使用要求，对路基采用挡墙、护坡、锚固等方式进行加固和防护。

（7）路基具体参数设计可参照《水电水利工程场内施工道路技术规范》（DL/T 5243—2010）或其他有关规定。

5.6.3 路面

1. 设计要求

（1）矿山修复工程道路常用路面类型包括水泥混凝土路面、泥结碎石路面、级配碎（砾）石路面及其他路面。

（2）设计的路面，应具有足够的强度和良好的稳定性，其表面应平整、密实和粗糙度适当。

（3）路面为泥结碎（砾）石或级配砾（碎）石，厚度应在15～30 cm之间，基层和底基层宜铺设工业废渣或混铺块碎石，厚度应根据压实度和用料材质等因素进行计算。

（4）关于道路设计的相关计算，参考《水电水利工程场内施工道路技术规范》（DL/T 5243—2010）。

2. 水泥混凝土

（1）水泥混凝土路面，宜以作用于道路上的最大轴载为设计荷载，按混凝土疲劳强度理论进行设计。

（2）水泥混凝土路面板及基层厚度设计参照相关规定。

（3）路面基层厚度应不小于20 cm，宽度应较混凝土面板每侧至少宽出25 cm为宜。在透水性路基或膨胀土路基上的基层，宽度应与路基相同。岩石路基上，不需设置基层，但应根据需要设置沙或碎石平整层，平整层厚度可为3～5 cm，采用碎石时其粒径应小于20 mm。

（4）在水泥混凝土路面纵向接缝、横向接缝处设置的拉杆、传力杆，尺寸及间距应参照相关规定。

3. 泥结碎石路面和级配碎（砾）石路面

（1）泥结碎石路面和级配碎（砾）石路面，宜按后轴重最大的主要重型自卸汽车为标准车，采用柔性路面典型结构与弯沉计算相结合的方法进行设计。

（2）泥结碎石路面和级配碎（砾）石路面面层厚度可为15～30 cm。

（3）土质路基上，底基层和基层的厚度可按相关规定计算确定。

（4）岩石路基上，不需设置底基层和基层，但应根据需要设置沙砾石或碎石调平层，调平层厚度宜为 6～8 cm。

5.7 文化造景工程

对于工程治理难度大、费用高、不易绿化的岩坡，尤其是位于"三区两线"范围内重点治理区的高陡岩坡，可以采用文化造景技术进行改造。

1. 一般原则

（1）充分考虑岩面的地层岩性、风化程度、完整程度，应首先清除危岩，彻底消除崩塌、滑坡等地质灾害。

（2）为保证岩面稳定、美观，可对坡面进行水泥喷浆处理。

（3）要充分利用当地民俗、历史、文物、神话、传说、典故等文化素材，并结合当地经济特产和自然风光合理造景；也可把国家政策、标语口号、标志图案等以字画形式雕刻或锚固在岩面上。这样既美化了环境，又能对当地社会经济的发展起到宣传作用。

（4）建筑场地应尽量选取地理位置合适、施工方便且观赏角度佳的地点。

（5）景观造型大小比例合适，整体与周边环境协调。

2. 石雕造景

（1）适用于岩面稳定、平整的高陡岩坡，即将文字、画面雕刻在岩壁上，包括文物、神话、传说、标语口号等。

（2）应依据山体岩石性质与地质结构，设计石刻开凿方向、顺序、力度，预防并排除不安全因素。

3. 锚固造景

（1）高陡岩面往往是不平整的，可利用锚杆将文字、图案固定在岩壁上，包括标语口号、标志图案、人物、特产等。

（2）调节锚杆的长短，使文字或图案尽量在一个平面上。

（3）文字或图案要提前预制好，按照要求制作1:1足尺规格实物，按需求尺寸进行分割。生产制作完成后进行试拼装，并编号标记，按编号存放，妥善保管以防变形。

（4）锚固时，要充分考虑风力和暴雨的影响，防止发生次生灾害。

4. 坡顶造景

残山山顶、高陡岩坡坡顶若有施工条件，可在其上修建凉亭、栽植迎客松、锚固标语、建造标志图案等，使残山、断壁焕发生机。

5.8 警示、标识工程

1. 设置原则

（1）在采坑、坡脚、高陡边坡顶部等存在安全隐患的位置按照相关要求设置。

（2）在道路或其他非施工人员经常路过的地方施工时，应当依照相关交通法规设置恰当的安全警示标识。

（3）临时用电的标准设置应符合用电有关规范的标准。

（4）所有机械的标志设置应符合有关专门机械的规定。

（5）其他有必要设置安全标志的地方。

2. 设置场所

（1）线路施工时，在土方开挖四周设置警戒线及警示标识牌，晚间挂警示灯。施工点在道路上时，应根据交通法规在距离施工点一定距离的地方设置警示标志或派人进行交通疏导。

（2）场地施工时，在施工现场入口处、脚手架、高陡边坡边沿设置安全警示标志。

（3）在高压线路、高压电线杆、高压设备、雷击高危区、爆破物及有害危险气体和液体存放处等危险部位，设置明显的安全警示标志。

（4）其他设置安全标志的场所。

（5）安全警示标志必须符合国家标准《安全标志及其使用导则》（GB 2894—2008）、《安全色》（GB 2893—2008）的要求。

3. 设置要求

（1）安全标志应设在与安全有关的醒目位置、标志的正面或其邻近不得有妨碍公共视线的障碍物。道路施工设置警示标志时，必须考虑道路拐弯和晚间的光线等因素。

（2）除必须外，标志一般不应设置在门、窗、架等可移动的物体上，也不应设置在经常被其他物体遮挡的地方。

（3）设置安全标志时，应避免出现内容相互矛盾、重复的现象。尽量用最少的标志把必需的信息表达清楚。

（4）方向辅助标志应设置在公众选择方向的通道处，并按通向目标的最短路线设置。

（5）设置的安全标志，应使大多数观察者的观察角接近90°。

（6）安全标志的尺寸应符合标志相关标准的要求。

（7）室内及其出入口的安全标志设置应符合相关标准的要求。

4. 设置方法

（1）方式

①附着式：安全标志牌可以采用钉挂粘贴、镶嵌等方式直接附着在建筑物等设施上。

②悬挂式：用吊杆、拉链等将标志牌悬挂在相应位置上。

③柱式：把标志牌固定在标志杆上，竖立于其指示物附近。

（2）间隙

①两个或更多的正方形安全标志一起设置时，各标志之间至少应留有标志公称尺寸0.2倍的间隙。

②两个相反方向的正方形标志并列设置时，为避免混淆，在两个标志之间至少应留有一个标志的间隙。

③两个以上标志牌可以设置在一根标志杆上，但最多不能超过4个。

④应按照警告标志（三角形）、禁止标志（圆环加斜线）、提示标志（正方形）的顺序先上后下、先左后右排列。

⑤根据设置地点，标志的设置应符合标准的要求。

⑥正方形和其他形状的标志牌共同设置时，正方形标志牌与标志杆之间的间隙应不小于标志公称尺寸的0.2倍，其他形状的标志牌与标志杆之间的间隙应不小于5 cm。

5.9 监测工程

1. 设计原则

（1）监测工程应根据工程规模、施工方法、施工工序等因素进行设计，以保证监测效果。

（2）应针对施工前的准备、施工的影响以及工程手段的运转状况进行监测。

（3）监测点（线）的布设应符合实际，并能够准确反映监测对象的状态和发展趋势。

（4）监测设计的内容包括监测目的和依据、监测点布设原则、监测内容论证和确定、监测方法及精度、监测点网布设、监测资料整理、监测人员组成和主要设备仪器、监测经费预算。

（5）应在监测内容的基础上，根据其重要性、监测环境优劣情况和难易程度、技术可行性和经济合理性等，本着先进、直观、方便、快速、连续等原则确定监测方法。

（6）监测仪器、设备应能满足监测精度要求，精确可靠；能适应环境条件，能保持仪器和传输线路的长期稳定性与可靠性，故障少，并便于维护和更换。

（7）全面调查与重点监测相结合，定期监测和动态监测相结合，调查监测与定位监测相结合。

2. 监测对象

监测对象包括地质灾害治理工程和矿山生态修复工程在施工期间及运行期间的监测。

3. 监测手段

（1）对于地形地貌景观破坏的监测，可采用人工现场测量、遥感解译等方法。

（2）对于治理工程监测，可采用变形监测、预应力监测、人工测量、巡查等方法。

4. 监测内容

（1）在施工中，监测治理工程对周边地质环境或生态环境的影响或破坏，如爆破、震动和施工开挖对地质环境的破坏或边坡稳定性的影响。

（2）在施工中，对施工工序与工艺进行监测，反馈设计，适时调整或修改设计方案。

（3）在运行阶段，监测和评价治理效果，检验施工质量；监测治理工程的稳定性；对治理工程进行变形和应力监测，保证治理工程稳定运行。

（4）针对绿化工程，监测绿化工程植被类型、植物种类、分布、面积、主要盖度、成活率、保存率等以及绿化工程的土地平整等方面。

5. 监测点、线布设

（1）在治理区范围内外布设监测控制点，应选择不易移动、视野开阔、无电磁干扰、能够相互通视的区域。

（2）根据治理工程现场实际情况（治理工程布局、地形地貌、房屋与树木分布情况、通视条件等）确定监测点、线布设位置。

（3）在布设监测点、线时，应确保施工安全、顺利进行，及时掌握周边岩土体的受力与变形情况，使施工处于安全稳定的状态。

6. 监测周期

修复工程监测，正常施工阶段3天一次，汛期、雨季、预报期，应加密监测。其中，以降雨监测为中心的气象监测频率，应与附近气象部门气象站的监测频率保持一致。

7. 监测数据采集

（1）监测数据采集方法

①监测点位的手动记录，包括各类位移监测点位处的手动记录和探头位置处的手动记录。

②探头位置处的自动记录，采用能传送到探头位置或附近控制板上的自动记录设备，根据手动指令将数据记录到磁带或穿孔纸带上。

③中心站处的手动记录。探头输出信号通过有线或无线方式传送到中心站，中心站将信号连续转换为数字输出，监测人在中心站手动记录或采用手动指令将输出数据记录在穿孔纸带上。

④中心站处的全自动记录，采用自动化系统，自动激发记录启动装置，进行全自动操作。

（2）数据采集时的误差消除

①手动记录时，应详细检查数据，校正明显的错误，或对有问题的数据重新测量，以消除错误和明显的误差。

②自动记录系统有可能会产生附加的错误源。在用计算机处理记录数据之前，应对数据逐一进行筛选，检查和解释误差，消除明显的错误。

8. 资料整理

（1）监测资料应及时整理、建档。

①对于手动记录的原始监测数据，应计算其长度、体积、压力等有关参数，并与其他有关资料，如日期、监测点号、仪器编号、深度、气温等，以表格或其他形式记录下来，进行统一编号、建卡、归类和建档。

②对于自动记录在穿孔纸带上的数据等资料，应及时检查并归类、建档。

③对于全自动记录的数据，应及时进行数据拷贝，并编号存档。

（2）应按规定间隔时间（日、旬、月、季、半年、年）对数据库内的监测数据等资料进行分析统计，计算特征值，如求和、最大值、最小值、平均值等，并分类建档。

（3）按监测内容和方法分类，对各类监测资料分别进行人工曲线标定和计算机曲线拟合，编制相应的图件。

①对于绝对位移监测资料，应编制水平位移、垂向位移矢量图，累计水平位移、垂向位移矢量图，上述两种位移量叠加在一起的综合性分析图，以及位移（某一监测点或多测点水平位移、垂向位移等）历时曲线图。对于相对位移监测资料，编制相对位移分布图、相对位移历时曲线图等。

②对于地面倾斜监测资料，应编制地面倾斜分布图、倾斜历时曲线图。对于地下倾斜监测资料，应编制钻孔等地下位移与深度关系曲线图、变化值与深度关系曲线图及位移历时曲线图等。

③对于气象监测资料，应编制降水历时曲线图、气温历时曲线图、蒸发历时曲线图，以及不同雨强等值线图等。

（4）编制监测报告，分为月报、季报和年报。

①监测月、季报告应反映主要监测数据和主要历时曲线及相关曲线图等，并对该时段内的地质环境进行综合分析评价。

②监测年度报告的主要内容包括自然地理与地质概况，地质环境特征、成因和发展趋势，结论和建议。主要图、表包括地质图、监测点网布置图、各种监测资料分析图和数据表等。

9. 数据处理

（1）建立监测数据库。根据监测资料类别分别建立相应的监测数据库。

（2）建立资料分析处理系统。根据所采用的监测方法和所取得的监测数据，应用相应的地理信息系统、数据处理方法和程序软件包，对监测资料进行分析处理。

第6章 露天矿山生态修复模式

在国家发布矿山环境治理政策的背景下,每个地方都积极地开启露天矿山的地质环境修复工程。针对矿山现状及存在的地质环境问题,根据矿山地质环境影响程度、矿山地质环境问题类型的差异、矿山区位差异,提出适合的治理模式,这既有利于检测废弃矿山环境的修复情况,也为日后露天矿山治理的有关设计和施工奠定基础。河北省地质矿产勘查开发局第二地质大队(以下简称"第二地质大队")在矿山环境治理技术攻关试验的基础上,探索出以下5种露天矿山生态修复模式。

6.1 矿山环境整体打包治理模式

传统修复模式是以县区为单位,责任主体灭失的矿山治理资金动辄上亿,且传统治理方式难以产生经济效益,造成政府财政压力过大,长久来看,难以完成矿山治理任务。针对传统修复模式的缺点,第二地质大队提出矿山环境整体打包治理模式。

该模式致力于对同一县域内的多个矿山进行整体"打包",统一制定生态修复方案,统一进行招标等。该模式对政府而言能节约交易、时间成本,同时因为打包形成规模效应,所以又能进一步吸引社会资本。

2016年,第二地质大队将滦县(今滦州市)12座矿山整体"打包"进行治理,项目于当年年中进场施工,年底主体工程完工,全过程仅用半年时间。其间,采用全队集团化作战,同时投入大量设备、人员、材料,统一调度,最终达到了投资少、周期短、效果佳、质量好的效果。

6.2 矿山环境勘查、设计、施工工程总承包治理模式

传统治理模式使矿山治理碎片化，耗时长且难以统一规划，治理过程中，设计施工责任难以区分，难以全过程贯彻治理理念，治理效果不佳。基于此，第二地质大队探索出矿山环境勘查、设计、施工工程总承包治理模式。

工程总承包是在建筑行业中被提出的。2019年《中华人民共和国建筑法》第二十四条规定："提倡对建筑工程实行总承包，禁止将建筑工程肢解发包。建筑工程的发包单位可以将建筑工程的勘察、设计、施工、设备采购一并发包给一个工程总承包单位，也可以将建筑工程勘察、设计、施工、设备采购的一项或者多项发包给一个工程总承包单位；但是，不得将应当由一个承包单位完成的建筑工程肢解成若干部分发包给几个承包单位。"同时，《中华人民共和国招标投标法实施条例》第二十九条规定："招标人可以依法对工程以及与工程建设有关的货物、服务全部或者部分实行总承包招标。"

从工程建设流程来看，建设工程项目需历经勘察方、设计方、采购方、施工方这4个责任主体。而我国建筑业价值链的长期割裂，造就了设计、采购、施工环节分开经营的局面：各责任主体间往往相互制约、相互脱节，工程建设的进度、成本和质量也常常与预期相距甚远。而工程总承包这一先进的承包模式，可精准改善流程价值链割裂的现状以及由此带来的建设顽疾，因此监管部门对此也寄予了厚望。

工程总承包（engineering procurement construction，EPC），是依据合同约定对建设项目的设计、采购、施工和试运行实行全过程或若干阶段的承包模式（《建设项目工程总承包管理规范》），其全称是建设工程项目管理总承包，亦可简称为项目总承包。

矿山环境勘查、设计、施工工程总承包治理模式，是依据合同约定，对矿山环境治理项目的勘查、设计、施工等实行全过程的矿山环境治理模式。河北省自然资源厅印发的《河北省关于探索利用市场化方式推进矿山生态修复的实施办法》指出："市、县级人民政府可以通过公开竞争方式确定有技术、有实力、有经验的企事业单位，对县域内矿山废弃地采取总承包的方式进行统一治理；对矿山废弃地分布集中的区域进行集中治理。治理工程的勘

查、设计、施工可以通过总承包一次招投标的方式组织实施。"2020年5月，河北省政府办公厅印发了《河北省矿山综合治理攻坚行动方案》，方案指出，为加快治理进度，保证治理效果，治理工程的勘查、设计、施工可以通过总承包一次招投标的形式组织实施；属地政府可优选有技术、有实力、有经验的企事业单位，采取总承包方式集中统一进行治理。

该模式与传统的矿山环境治理模式相比，具有如下优点：（1）有利于整体解决方案的优化，节省资金；（2）优化管理，避免出现勘查、设计、施工之间相互脱节、相互制约的现象；（3）有效保证项目全过程进度、费用和质量的有效控制；（4）合理交叉，动态连续，缩短建设周期；（5）减少了业主接口和协调的工作，降低了项目的建设风险；（6）业主方始终面对总承包商，商务模式变得更简单。

2020年，第二地质大队以矿山环境勘查、设计、施工工程总承包治理模式承接了开平区建成区20 km范围露天废弃矿山占损土地地质环境综合治理工程项目，共包括10家矿山。

6.3 矿山环境治理 + 土地整治治理模式

当露天矿山的现状满足下面两个特性时，则可采用矿山环境治理 + 土地整治治理模式：（1）矿山具有良好的位置，且交通发达；（2）该矿山地势环境坡度小，较为平缓。

该模式从矿山环境治理和土地整治两个方面，对生态环境实施双方位、双层次、双领域的综合治理。项目内容主要是通过道路建设、垃圾清理、土地平整、植被恢复和管护等5个方面工作，对历史遗留废弃矿山及周边废弃土地进行综合治理复绿，进而消除地质灾害隐患和烟尘、粉尘污染，释放废弃土地资源，全面改善矿区及周边生态环境，逐步恢复生物多样性，提升区域生态功能。

2018年，第二地质大队以矿山环境治理 + 土地整治治理模式承接了古冶区北部山区土地综合整治项目，充分发挥了关停矿山和荒山等土地的隐形价值，新增耕地4 588亩。该模式解决了矿山治理财政资金压力的问题，实现了经济效益与社会效益。

6.4 矿山环境治理+土地整治+固废资源利用治理模式

河北省委、省人民政府下发的《关于改革和完善矿产资源管理制度加强矿山环境综合治理的意见》中要求:"实施开发复垦工程,新增耕地可用于占补平衡,指标收益可用于矿山环境恢复治理。矿山废弃地复垦后腾出的建设用地指标,可调整到异地使用。在符合规划、保障安全的前提下,按照有利于土地利用和生态恢复的原则,对有残留资源的废弃采场内残垣断壁进行平台式治理,可回收残留资源,用其收益进行治理。"

2019年12月,自然资源部《关于探索利用市场化方式推进矿山生态修复的意见》指出:"因削坡减荷、消除地质灾害隐患等修复工程新产生的土石料及原地遗留的土石料,可以无偿用于修复本工程;确有剩余的,可对外进行销售,由县级人民政府纳入公共资源交易平台,收益全部用于本地区生态修复。"

矿山环境治理+土地整治+固废资源利用治理模式是在矿山环境治理+土地整治治理模式的基础上提出的,该模式将纯投入矿山与资源利用矿山整体打包进行统筹治理。

2019年,第二地质大队以矿山环境治理+土地整治+固废资源利用治理模式承接了迁安野鸡坨片区11座矿山整体打包治理项目,新增耕地900余亩,清理出固废资源108万 m^3。

6.5 矿山环境整体打包综合开发式治理总承包模式

矿山环境整体打包综合开发式治理总承包模式是河北省首创,该模式已在河北省多地(迁安、滦州、开平、丰润等多个市区)陆续实施,为唐山市露天矿山污染深度整治专项行动和环保督查目标的落实提供了专业的地质技术支撑。

矿山环境整体打包综合开发式治理总承包模式,简单地说,就是以县(市、区)为单元,对矿山进行整体打包治理,整合资源,科学规划、过程中的所有环节，都由同一主体完成。

该模式以"先修复、再发展"为思路，以"生态综合治理+产业项目植入"为运营模式，打造矿山修复产业综合体，构建废弃矿山治理产业生态系统。同时，通过就地取材、变废为宝，实施生态修复，通过资源开发、产业导入，实现空间再造、生态再造、产业再造，为矿山环境治理实现生态产业化提供可实施的全产业链开发式治理模式。

矿山环境整体打包综合开发式治理总承包模式可通过综合开发提高财政收入，完成矿山生态恢复治理任务，解决政府之急，服务人民之需，实现矿山环境治理与产业发展、环境保护、生态恢复共赢的目的。

第7章　工程范例

根据《河北省人民政府办公厅关于转发河北省矿山综合治理攻坚行动方案的通知》(冀政办字〔2020〕75号)以及迁安市规划,以"治理地灾、消除隐患、合理利用、改善环境"为目标,恢复采矿活动破坏的地质环境,解决由矿山开采引起的矿山地质环境问题,2020年9月,迁安市国控土地开发整治有限公司委托唐山中地地质工程有限公司对迁安市沙河驿管庄子丰华建筑用石矿等22家矿山开展地质环境综合治理。项目涉及22家矿山,项目区涵盖地貌类型多,地质环境也不一样。针对项目区地质环境的多样性,第二地质大队因地制宜地采用了多种生态修复技术。通过治理工程措施,消除治理区内的矿山地质灾害隐患,改善治理区的地质环境现状,恢复因矿山开采而遭到破坏的生态环境,并根据社会经济发展需要、矿山土地的适宜用途、当地的经济实力和技术水平,确定恢复治理后的矿山土地类型,提高土地利用效率,充分发挥土地资产效益,增加绿地面积,改善生态环境。

7.1 迁安市野鸡坨镇爪村宏源采石厂

迁安市野鸡坨镇爪村宏源采石厂位于河北省迁安市城南滦河南岸,距迁安市区南约10 km,北东距野鸡坨镇约10 km,南距爪村约1.8 km,行政区划隶属于野鸡坨镇爪村管辖。矿区内有简易公路与外界相通,交通便利。

矿区地处低山丘陵区,可能存在的地质灾害为崩塌、滑坡。该矿山主要有一个采场,南北长约130 m,东西宽约80 m,场地内堆放矿渣。东侧边坡顶部及东南侧边坡坡面存在危岩,边坡最高处高约25 m,岩层倾向

280°～310°，倾角 26°～30°。岩体表层风化带厚度 1～3 m，风化裂隙较发育，层厚 30～50 cm，呈中厚状结构。表层岩石较破碎，下部岩石致密，坡面局部存在危岩、浮石。采场东侧边坡为顺向坡。崩塌、滑坡地质灾害危害性中等。治理前的采场及东侧边坡如图 7-1 所示。

图 7-1　采场及东侧边坡（治理前）

治理区内采场周围植被茂盛，但裸露基岩植被已基本被破坏，矿山对地形地貌景观破坏较为严重，如图 7-2 和图 7-3 所示。

图 7-2　矿区边坡裸露基岩植被稀少（治理前）（一）

第7章 工程范例

图 7-3 矿区边坡裸露基岩植被稀少（治理前）（二）

破坏区内地形起伏一般，植被覆盖率较差，治理区长约 160 m、宽约 120 m，最大高差约 25 m，破坏影响面积约 14 612 m²（约 21.92 亩）。治理区内采场破坏了山体原生的地表植被资源和地形地貌景观，改变了其生态环境原有功能。采场边坡基岩裸露，岩石较破碎，直接破坏了山体原生的地表植被资源和地形地貌景观，引起了水土流失，改变了其原有功能，严重破坏了原地形地貌景观的完整性，恢复治理难度大。

根据治理区地质环境破坏现状及现场实际情况，为消除地质灾害、改善矿山环境，采取不同的治理方法。

1. 拦挡警示工程

由于边坡较陡，为防止有人由边坡坠落造成危险事故，在采坑四周距离坡顶 3 m 外设立刺网，安装警示牌。

2. 土石方工程

对边坡浮石及危岩体进行清理：对治理区内高陡及破碎边坡进行浮石及危岩清理，采用人工清除危岩，使坡面达到基本平整，并就近在低洼处进行平整。

削坡：对缓坡凸起岩石进行修整，使缓坡尽量平顺。削坡后，石方就地回填平整。

平整：对治理区缓坡进行平整。

3. 绿化工程

在治理区缓坡进行覆土绿化，缓坡覆土厚度 0.3 m。在覆土区域播撒草籽，播撒草籽密度为 20 g/m²。草籽组合：胡枝子（3 g/m²）、小冠花（3 g/m²）、高羊茅（6 g/m²）、早熟禾（4 g/m²）、狗牙根（4 g/m²）。在缓坡栽植灌木（紫穗槐），行株间距 1.5 m×1.5 m，每坑 3 株。在边坡底部种植爬山虎，种植间距为 0.2 m，并进行成活期养护，养护周期 24 个月。

项目在实施过程中综合应用了机械化排险技术进行削坡整形，有效加快了施工进度。进行平台绿化，恢复了被破坏的矿山植被环境，取得了较好的效果。施工后效果如图 7-4 所示。

图 7-4 施工后效果

7.2 迁安市山港庆发石矿

迁安市山港庆发石矿位于迁安市南约 13 km，距野鸡坨镇北西方向约 3 km，南东距邵家营村约 700 m，北西距山港村约 1.2 km，行政区划隶属于野鸡坨镇管辖。矿区与野兴县相连，与外界相通，交通便利。

迁安市山港庆发石矿已经停止开采。采场长 310 m、宽 190 m。采场分为 3 个平台、2 个斜坡、3 处残山。平台上有多处块石堆、料堆以及混凝土构筑物等。平台西侧为开挖掌子面，长 131 m，高 30～48 m，坡角 36°～55°，基岩为蓟县系雾迷山组白云岩，产状 320°∠45°。在北部凹槽处，岩层为切向坡，存在临空面；南部为逆向坡，部分残山顶部存在危岩体，几乎悬于空中。坡面较为破碎，松动岩块较多，岩体表层风化带厚度 2～5 m。风化裂隙较发育，块状结构，表层岩石较破碎，下部岩石致密，坡面局部存在危岩、浮石。崩塌地质灾害危害性高。治理前的石矿平台及料堆、残山、斜坡及危岩体如图 7-5—图 7-10 所示。

图 7-5　迁安市山港庆发石矿平台及料堆（治理前）（镜像 340°）

图 7-6　迁安市山港庆发石矿平台及料堆（治理前）（镜像 20°）

图 7-7 迁安市山港庆发石矿平台及料堆（治理前）（镜像 300°）

图 7-8 迁安市山港庆发石矿平台、料堆及残山（治理前）（镜像 45°）

第 7 章 工程范例

图 7-9 迁安市山港庆发石矿平台、料堆及残山（治理前）（镜像 55°）

图 7-10 迁安市山港庆发石矿平台、斜坡及危岩体（治理前）（镜像 260°）

破坏区内地形起伏较大，植被覆盖率差。治理区内采场破坏了山体原生的地表植被资源和地形地貌景观，改变了其生态环境原有功能。采场边坡基岩裸露，岩石较破碎，直接破坏了山体原生的地表植被资源和地形地貌景观，引起了水土流失，改变了其原有功能，严重破坏了原地形地貌景观的完整性，恢复治理难度中等。

根据治理区地质环境破坏现状及现场实际情况，为消除地质灾害、改善矿山环境，采取不同的治理方法。底部平台位于迁安市自然资源和规划局土地占补范围之内，对平台进行土地复垦，单独开展项目实施。

1. 拦挡警示工程

由于掌子面边坡较陡，为防止有人由边坡坠落造成危险事故，在采坑四周距离坡顶 3 m 外设立刺网，安装警示牌。

2. 土石方工程

掌子面削坡：部分平台存在残山，为山体突出部分，需进行削除。从高程 +107 m 处，按 60° 坡角进行边坡修整，到 90 m 高程。

对边坡浮石及危岩体进行清理：对治理区内削坡之后高陡及破碎边坡进行浮石及危岩清理，采用人工清除危岩，使坡面达到基本平整。

修整边坡以及清理危岩堆于北侧凹槽内，坡度 30°。

3. 砌筑工程

在堆载碎石形成的斜坡坡脚以及修整边坡据坡脚 5 m 的位置修建挡墙，上宽 0.5 m，下宽 0.7 m，高 0.9 m。在据地面 0.4 m 处间隔 2 m 设置排水孔，倾斜度 3%，向外倾斜。

4. 覆土绿化工程

对标高 +92～94 m 平台覆土 0.2 m，穴栽侧柏；对标高 +90 m 平台覆土 0.5 m，栽植侧柏，间距 2.5 m。斜坡覆土 0.1 m，穴栽侧柏和紫穗槐，侧柏间距 2.5 m，紫穗槐间距 1.5 m。穴栽树坑内覆土，所有覆土区域播撒草籽，密度为 10 g/m²。在斜坡坡脚开挖 0.5 m 宽、0.3 m 深的沟槽并覆土，栽植爬山虎，间距 0.2 m，并进行成活期养护，养护周期 24 个月。

项目在实施过程中综合应用了机械化排险技术进行削坡整形，有效加快了施工进度，并进行平台绿化，恢复了被破坏的矿山植被环境，取得了较好的效果。缓坡施工后的效果如图 7-11 所示，平台施工后的效果如图 7-12 所示。

图 7-11 缓坡施工后效果

图 7-12 平台施工后效果

7.3 迁安市沙河驿管庄子丰华建筑用石矿

7.3.1 治理区情况简介

治理区位于迁安市沙河驿镇段家岭村北,东北距迁安市区约 25 km,行政区划隶属于迁安市沙河驿镇管辖。治理区南距段家岭村 0.6 km,东距管庄子村约 0.35 km。治理区南 1.7 km 处有京山铁路,1.5 km 处有京哈高速公路、102 国道并行通过,矿山有水泥路与 102 国道相通,交通便利。

治理区矿山开采的矿种为建筑用白云岩矿。矿山经过长期剥蚀切割,地形起伏变化中等,山势低缓,山顶浑圆,地形坡度一般为 20°～30°。治理区矿山主要有采场边坡、平台及渣堆,边坡高度 20～80 m,坡度在 35°～60° 之间,地势整体北高南低,治理区微地貌形态较复杂。

矿山开采形成的边坡多为岩质边坡,坡度大多在 35°～60° 之间,局部边坡坡度可达 70°。边坡高度最高可达 130 m(采坑底部到采面顶部),形成高陡边坡。边坡坡面不平整,节理裂隙较发育,风化程度中等,坡面基岩裸露,受矿山开采过程中的爆破影响,坡面存在较多危岩体,呈块状或碎裂状,崩塌地质灾害较发育。

根据治理区地形及地貌特点,依据治理区内开采破坏情况划分治理一区、治理二区、治理三区、治理四区,共 4 个治理分区。

1. 治理一区矿山地质环境治理前现状

治理一区位于治理区的西南部,南北长约 260 m,东西宽约 400 m。一区共 2 处采面、1 处采坑和 4 处平台。南部采面坡顶标高 +153～+177 m,坡底标高 +106 m 左右,坡度 46°～65°。中间有 2 处平台,上平台标高 +130 m 左右,宽 15～20 m;下平台标高 +115 m 左右,宽约 10 m。下方为一处采坑,坑口面积约 9 500 m²,坑深 14～19 m。一区北部采面坡顶标高 +141～+165 m,坡底标高 +120 m 左右,坡度 43°。场地地势较平整,无植被覆盖,标高 +118～+130 m,可划分为 4 个平台,场地上自西向东存在 5 处料堆。

坡面的岩性为灰白色白云岩,基岩裸露,几乎无植物生长。坡顶有原始植被覆盖,部分坡面有较多浮石堆积,节理裂隙较发育,岩石风化程度中等。

坡面有较多危岩体存在，崩塌、滑坡地质灾害危险性较大。

2. 治理二区矿山地质环境治理前现状

治理二区位于治理一区北侧，南北长约 270 m，东西长约 340 m。二区共 3 处采面、2 处平台和 1 处采坑。南侧采面坡顶最高标高为 +152 m，坡底最低标高为 +130 m，坡度 35°～65°。中部采面坡顶最高标高为 +161 m，坡底最低标高为 +133 m，坡度 40°～50°。北侧采面坡顶最高标高为 +221 m，坡底最低标高为 +140 m，坡度 45°～50°。底部平台场地地势不平整，存在坑洼，少有植物生长。采坑位于治理二区西南角，坑口面积约 9 550 m^2，坑深 18 m 左右，采坑内几乎无植物生长。

边坡坡面的岩性为灰白色白云岩，基岩裸露，几乎无植物生长。坡顶有原始植被覆盖，部分坡面有较多浮石堆积，节理裂隙较发育。岩石风化程度弱一中等，整体完整性较好，坡向与岩层倾向相同，为顺向坡。

3. 治理三区矿山地质环境治理前现状

治理三区位于治理区最北部，南北长约 340 m，东西宽约 290 m。三区共有 1 处采面、5 处平台和 1 处采坑。采面坡顶最高标高 +242 m 左右，坡底最低标高 +80 m 左右（采坑坑底），坡度 40°～55°。底部为采坑，坑口面积约 43 300 m^2，坑深 45 m 左右。中部有一处小平台，标高 +105～+110 m，小平台面积约 9 100 m^2。平台位于治理二区西南部，有几处料堆和凸出的小残山。

采坑西侧边坡坡面岩性为灰白色白云岩，边坡形态较复杂，形状不规则。坡面基岩裸露，节理裂隙较发育，岩石风化程度中等，坡面几乎无植物生长。坡顶有原始植被覆盖，采面两侧为原始坡面，中部有较多危岩、浮石堆积，石块呈棱角状，粒径多数在 0.2～1 m 之间，局部粒径达到 19 m。坡顶存在 U 形裂缝，裂缝总长度 41.5 m，裂缝最大宽度 1.7 m。坡面发生过滑坡现象，滑坡尺寸约 19 m×27 m×40 m，滑坡方量约 20 520 m^3。坡脚有倒石堆，倒石堆整体坡角 34°，小于块石边坡休止角 38°。滑坡体基本稳定，但由于大块石的存在，局部存在接近休止角的块石体，在异常恶劣天气或地震条件下，滑坡、崩塌发生的可能性较大。由于采面底部为采坑，滑坡、崩塌不会造成附加经济损失和危害，故矿山地质环境影响程度级别为较严重。

4. 治理四区矿山地质环境治理前现状

治理四区位于治理一区东侧、治理三区南侧,南北长约 490 m,东西宽约 170 m,标高 +112～+140 m。治理四区场地地势平整,场地内自北向南存在 2 处料堆。治理四区分为 7 个平台,本区存在一处缓坡。

治理四区为废料石场地,有几间废弃厂房和废弃砖混结构房屋。

治理区治理前现状如图 7-13—图 7-19 所示。

图 7-13　治理一区采面(镜向西南)

图 7-14　治理二区采面(镜向西北)

图 7-15 治理三区采面(镜向西北)

图 7-16 治理三区采坑(镜向正南)

图 7-17　治理区内料堆（镜向西北）

图 7-18　边坡滑坡位置

图 7-19 危岩体顶部裂缝

治理区内地形起伏一般，植被覆盖率较差。治理区内采场破坏了山体原生的地表植被资源和地形地貌景观，改变了其生态环境原有功能。采场边坡基岩裸露，岩石较破碎，直接破坏了山体原生的地表植被资源和地形地貌景观，引起了水土流失，改变了其原有功能，严重破坏了原地形地貌景观的完整性，恢复治理难度大。

7.3.2 治理措施

根据治理区地质环境破坏现状及现场实际情况，为消除地质灾害、改善矿山环境，采取不同的治理方法。底部平台位于迁安市自然资源和规划局土地占补范围之内，对平台进行土地复垦，单独开展项目实施。

1. 拦挡警示工程

由于边坡较陡，为防止有人由边坡坠落造成危险事故，在坡顶外 3～5 m 位置处设立刺网，并在醒目位置安装警示牌。

2. 土石方工程

（1）清运料堆

场地内的料堆由业主确定料堆的拥有者，拥有者及时自行清走。

(2) 清理危岩

对治理区内危岩体和高陡边坡坡面上的危岩进行清除。危岩体多位于高陡边坡上，采用机械加人工的方式，机械与人工各占比50%，以满足后期安全施工要求。

(3) 削填方工程

对影响美观或随着风化的加剧可能成为危岩体的突出小型岩体进行清除，并就近回填平整。对治理区内凹凸不平、部分存在残山的场地进行挖填平整。为消除地灾隐患和提升采面绿化效果，在部分边坡坡脚回填碎石。

治理一区：利用南侧边坡上已有的平台，对坡面上存在的台阶进行削方贯通。贯通段宽度 6 m，坡度 60°，采用机械削方方式。削方后，标高为 +130 m 左右，与原有左右平台标高大体一致。

治理二区：本区内存在几处突出岩体，局部相对高差达到 4 m，为便于后期坡脚碎石堆施工和提升整体绿化效果，对其进行削填平衡。北侧边坡相对高差 71 m，坡脚位置现存在一凹陷穴，相对高差 25 m，为消除地灾隐患与降低绿化工程相对高差，进而提升采面的绿化效果，在坡脚处回填碎石，回填坡度控制在 35° 以下。在标高 +155 m、+170 m 处各出一台阶，台阶宽度 3 m，用作后期绿化养护道路。

治理三区：对平台上的小残山和突出岩体进行机械削方处理，整平后标高与周围地形协调，挖填平整后场地基本平整。

治理四区：对平台上突出的小山体进行机械削方处理，削方后与周围地形协调，挖填平整后场地基本平整。

(4) 场地平整工程

对非挖填平整的场地进行机械平整（推土机运距 100 m 内），标高不过分追求统一，平整厚度 0.05～0.3 m。

(5) 拆除工程

对治理区内废弃房屋进行拆除，房屋为砖混结构，拆除的建筑物垃圾就近回填采坑。

(6) 覆土

对治理区内的绿化区进行客土填土、覆土，其中，栽植乔木区覆土 0.8 m，草灌区覆土 0.3 m。

3. 挡墙砌筑工程

为防止水土流失和拦挡落石，在各台阶及坡脚处修建挡墙。

Ⅰ号挡墙为挡土墙，采用浆砌块石结构，块石尺寸不小于 15 cm。块石就地取材，块石强度符合规范要求，砂浆采用 M10 砌筑砂浆。挡土墙高 1 m，上顶宽 0.5 m，下顶宽 0.75 m，一侧直立，一侧放坡，放坡比 1:0.25。砂浆采用 M10 抹顶面，厚度 2 cm。挡墙底部设一排排水孔，距离地面 30 cm，采用 PVC 管材，直径 110 mm，排水管横向间距 5 m。

Ⅱ号挡墙为挡石墙，砌筑材质规格同Ⅰ号挡墙。挡石墙高 1.5 m，上顶宽 1 m，下顶宽 1.5 m，一侧直立，一侧放坡，放坡比 1:0.33，基础宽 1.5 m，深 0.5 m。砂浆采用 M10 抹顶面，厚度 2 cm。挡墙底部设一排排水孔，距离地面 30 cm，采用 PVC 管材，直径 110 mm，排水管横向间距 5 m。

Ⅲ号挡墙为挡石墙，砌筑材质规格同Ⅰ号挡墙。挡石墙高 2 m，上顶宽 2 m，下顶宽 3 m，一侧直立，一侧放坡，放坡比 1:0.5，基础宽 3 m，深 1 m，修建在稳定的基岩上。砂浆采用 M10 抹顶面，厚度 2 cm。挡墙底部设两排排水孔，第一排距离地面 30 cm，第二排距离地面 100 cm，采用 PVC 管材，直径 110 mm，排水管横向间距 5 m。由于Ⅲ号挡墙的主要作用是阻挡滑坡碎石体的下滑，故对其进行稳定性分析。分析得到此挡墙的抗倾覆稳定系数为 19.5，抗滑移安全系数为 5.5，均满足相关要求（其中碎石内摩擦角取 30°，碎石重度取 26 KN/m³，摩擦系数取 0.6）。

4. 喷播工程

（1）客土喷播（挂网）

对治理区内部较为平整的边坡采用客土（挂网）喷播工程。首先，清理坡面上的浮石及杂物；其次，湿润坡面，有利于喷射层与坡面岩壁良好地接触；最后，在坡面岩面上锚固挂网锚杆，挂网锚杆采用 HRB335 级直径为 16 mm 的螺纹钢。小于 90° 坡面锚固时垂直于坡面，大于 90° 反向坡面锚固角都为上倾 15°。采用钻孔后直插锚杆的方式，钻孔直径比锚杆直径大 3～4 mm，采用 M30 水泥浆进行全锚固。锚杆锚固后从上往下、从左向右铺设镀锌金属菱形网。锚杆总长度 550 mm，其中前端 50 mm 制成 90° 弯钩。锚杆入岩最小深度为 300 mm，外露 200 mm。如基岩表面破碎厚度超过 300 mm 时，锚杆入岩长度应不小于 450 mm 且不大于 1 000 mm。根据实际情况，增加锚杆长度，缩短锚杆间距。锚杆间距不大于 1 m，呈梅花形布置。

镀锌金属菱形网采用直径为 2 mm、孔径为 5 cm×5 cm、抗拉强度大于 65 的镀锌金属菱形网，将整个破碎表面锚固覆盖，起到稳定基层的作用。挂网位置为锚杆外露部分靠近外缘的部位，以最大限度地起到固土的作用。在坡面破碎程度较大及坡面凹凸程度较大处要再加铺一层金属网，有利于客土喷播时喷播层能与岩壁良好地结合在一起，防止出现露网现象。

客土基层材料主要为腐殖土，在其中添加稻壳、有机肥、复合肥、草炭土、土壤改良剂、木纤维、黏合剂、保水剂、稳定剂、生态胶等，按一定比例混合并搅拌均匀，采用专用喷播机自下而上进行多次均匀的分层喷播。喷播共计两层：底层为第一层基质层，厚度为 60～80 mm，基质层应根据边坡实际情况增加保水剂及黏合剂配比比重；上层为种子层，厚度为 20～30 mm，混合并拌入草本、木本植物种子，选好的种子要先经过催芽处理，用水浸泡并消毒。喷播结束后进行覆盖养护，养护采用 30 g/m² 的透气无纺布覆盖，起到保湿保温的作用，防止水分蒸发过快。无纺布利用喷播时出露岩面的锚杆加 U 形钉加以固定。

（2）客土喷播（不挂网）

对治理区内滑坡碎石堆体采用客土喷播。由于碎石堆粗糙系数大且角度 ≤35°，故采用不挂网喷播。客土基质及喷播物种配比同挂网喷播。

5. 绿化工程

在覆土区域播撒草籽，播撒草籽密度为 20 g/m²。草籽组合：胡枝子（3 g/m²）、小冠花（3 g/m²）、高羊茅（6 g/m²）、早熟禾（4 g/m²）、狗牙根（4 g/m²）。

台阶和坡脚挡墙内挖树坑栽植乔木和灌木，乔木树坑规格为 0.6 m×0.5 m，乔木苗胸径为 2～3 cm（刺槐和金叶榆），株高≥1.5 m（侧柏）。乔木栽植间距为 2.5 m×2.5 m（2 m×3 m），呈"品"字形栽植（坡脚挡墙后排间距 2 m，行间距 3 m，两排错位栽植，错位水平间距 1.5 m）。灌木（紫穗槐、荆条）高度 60 cm 以内，3～5 分枝，栽植间距为 1.5 m×1.5 m，呈"品"字形栽植。

治理区内坡顶种植五叶地锦向下攀爬，坡底种植五叶地锦向上攀爬。其中部分边坡相对高差较大，坡度较陡（局部存在倒角），布设攀爬网。攀爬网材质选用褐色（或铁锈色）聚乙烯拉丝条带，中间添加两个钢丝经过焊接机焊接而成的网格结构，规格为 10 cm×10 cm。铺设攀爬网，采用长度为 150～200 mm、直径为 14～16 mm 的金属网钉对攀爬网进行固定。金属网钉布置间距为 1.5 m，如遇到破碎岩面，要加大金属网钉的长度、缩短金属网钉的布置间距。五叶地锦选用 2 年生，栽植间距为 0.2 m。

对乔木、灌木和五叶地锦进行成活期养护，养护期 24 个月。

项目在实施过程中综合应用了机械化排险技术进行削坡整形，有效加快了施工进度，并进行客土喷播绿化，恢复了被破坏的矿山植被环境，取得了较好的效果。施工后的效果图如图 7-20—图 7-23 所示。

图 7-20　攀爬网施工后效果

图 7-21 客土喷播（挂网）施工后效果

图 7-22 客土喷播（不挂网）施工后效果

图 7-23 削方清除危岩施工后效果

7.4 迁安市石梯子沟学校采石厂

项目区位于大崔庄镇，大崔庄镇隶属于河北省迁安市。项目区南距 S363 省道 2 km，有公路与外界道路相通，交通便利。

治理区边坡总体走向北偏西 45°，倾向南西，为斜向坡。边坡最高约 80 m，坡度 50°～80° 之间。坡面基岩裸露，节理裂隙发育，岩石风化程度中强等。局部坡面存在浮石，呈块状或碎裂状。局部崩塌地质灾害发育。边坡开采形成积水矿坑，长约 330 m，宽约 50 m。采场边坡如图 7-24—图 7-26 所示。

图 7-24 采场边坡近景(镜向东北)

图 7-25 采场边坡近景(镜向正北)

图 7-26 采场边坡远景（镜向东南）

治理区内矿山开采形成的露天采场等对地形地貌景观造成了不同程度的破坏，地表原有植被破坏严重，总体恢复原有地貌景观难度大。

根据治理区地质环境破坏现状及现场实际情况，为消除地质灾害、改善矿山环境，采取不同的治理方法。

1. 围挡警示工程

由于边坡较陡，为防止有人由边坡坠落造成危险事故，在边坡坡顶靠近路边 3～5 m 位置设立刺网，安装警示牌。

2. 坡面平整工程

削坡：治理区内采场边坡高程 180 m 处由于开挖所形成的平台，对于上部坡度大于 65° 的边坡，依据地形进行机械削方平整，坡度降到 65° 以内。

平台平整：对治理区平台及缓坡区域进行场地平整。

3. 砌筑工程

距平台边缘（边坡坡脚外 1 m 处）砌筑浆砌石挡墙，挡墙高 1 m、顶宽 0.4 m、底宽 0.6 m。

4. 覆土绿化工程

在平台和缓坡进行覆土绿化，覆土厚度 0.8 m，渣坡覆土厚度 0.3 m。在覆土区域播撒草籽，播撒草籽密度为 20 g/m²。草籽组合：胡枝子（3 g/m²）、小冠花（3 g/m²）、高羊茅（6 g/m²）、早熟禾（4 g/m²）、狗牙根（4 g/m²）。平台、缓坡覆土后间隔栽植侧柏、金叶榆、灌木，侧柏、金叶榆株距为 2.5 m，灌木株距为 1.5 m。

在边坡坡脚处种植爬山虎，种植间距均为 0.2 m，并进行成活期养护，养护周期 24 个月。

项目在实施过程中综合应用了机械化排险技术进行削坡整形，有效加快了施工进度，并进行平台绿化，恢复了被破坏的矿山植被环境，取得了较好的效果。施工后的效果图如图 7-27—图 7-30 所示。

图 7-27 削坡施工后效果

图 7-28 平台、缓坡施工后效果

图 7-29 边坡平台施工后效果

图 7-30　矿区施工后效果